標準 化学工学 I

収支・流体・伝熱・平衡分離

〔編〕

日秋俊彦

〔著〕

日秋俊彦
児玉大輔
栗原清文
松田弘幸
佐藤敏幸
松本真和

朝倉書店

編集者

日秋俊彦　日本大学教授　生産工学部

執筆者（執筆順）

日秋俊彦　日本大学教授　生産工学部

児玉大輔　日本大学准教授　工学部

栗原清文　日本大学教授　理工学部

松田弘幸　日本大学准教授　理工学部

佐藤敏幸　日本大学専任講師　生産工学部

松本真和　日本大学准教授　生産工学部

は し が き

　化学工業では，装置の中で物質を変換したり，状態や組成などを変化させる工程（プロセス）を経て製品が作り出される．世の中で必要とされる製品は多様で，要求に応じて化学反応の前後に物理的変化を主とする前処理と後処理が必要になる．化学プロセス全体をみると，化学変化を行う部分よりも，むしろその前処理と後処理を行う部分の方が複雑で，ここに多くのコストがかかるといわれている．

　化学工学は，はじめ「分離工学」を主体とする「単位操作（unit operations）」という概念から生まれた学問体系であるが，プロセスの中枢にある反応装置の設計や開発には合理化が必要になり「反応工学」が生まれた．さらにプロセス全体を扱う「プロセス工学」が加わり，これらを包括して現在の化学工学がある．したがって，化学工学の知識を必要とする業界は化学工業にとどまらず，化学物質を原料とするほぼすべての産業が対象になるといってよいであろう．環境，エネルギー，材料，バイオテクノロジー，メディカルテクノロジーなどの各分野に必要な学問体系である．これからも，環境に配慮した，合理的で無駄のないプロセス設計ができるエンジニアの養成が求められている．

　本書は，日頃から大学で化学工学の教育と研究に携わっている執筆者によって作成された．執筆者は，これまで刊行されている化学工学，反応工学，プロセス制御工学の教科書を使って講義を行ってきたが，化学工学の広い分野を網羅し，基礎から解説する教科書の必要性を感じて，その内容を2冊にまとめたものである．

　第I巻で扱う各章の内容を簡単に示す．

Chapter 1　化学工学とは

　はじめに，事例に基づいてプロセスエンジニアが描く流れ図（フロー図）を示した．実験室では，ガラス器具などを用いて人の手で合成や精製が行われるが，化学プラントで大量生産する場合には装置の材質や形状が実験室とは大きく異なり，原料から製品に至るまでの流れを合理的に組み立てていく．装置間での物質の流れを表すブロックフロー図，システム内の主要機器を実際の機器に近い略図で描き入れたプロセスフロー図から化学プロセスを理解してもらいたい．単位と次元の節では，化学工学の計算の基礎となる単位について解説している．

Chapter 2　物質収支とエネルギー収支

　化学プロセスは，物質の様々な状態変化を利用するので相図を理解することは重要である．物質の状態と物性について基礎的なことを解説している．次に，化学工学という学問体系の柱となっている物質収支について説明している．原料が装置やプロセスに加えられ，製品として取り出される量の関係や成分組成の変化を正確に捉えるのが物質収支であり，質量保存の法則に従う．一方，装置内やプロセスに投入する熱，反応や混合によって発生する熱はエネルギー保存則に基づき，エネルギー収支により求めることができる．化学プロセス構築の基礎として，物質収支，エネルギー収支の式をどのように立て，解くのかを解説している．

Chapter 3　流体輸送

　化学プロセスは，目的に応じて複数の装置が連結され，原料から製品を生み出している．本章では，特に流体（液体と気体）を扱う場合，装置やプロセスに送り込む流体輸送のシステム設計に必要な概念を解説している．蒸留塔や反応槽からポンプによって継手およびバルブを備えた管内に流体を流すとき，生じる摩擦の影響，圧力損失，ポンプの所要動力の求め方を習得してほしい．また，流量の測定方法について代表的な装置について解説している．

Chapter 4 熱移動操作

化学プロセスでは，温度が操作因子になる場合が多い．加熱・冷却を行う場合，装置や設備の種類によって異なる方法で熱の出入りを制御している．熱移動の形態は伝導伝熱，対流伝熱，放射伝熱に大別され，それぞれ扱い方が異なる．熱交換をするだけでなく，保温・断熱設備の設計も必要である．熱エネルギーの厳密な制御は化学プロセスの省エネルギー化に最も効果的であり，製品価格にも影響する．

Chapter 5 分離プロセス（平衡分離）

天然に存在する物質や化学反応によって得られるものは一般的には混合物である．化学製品の高純度化や所望の組成の混合物を得るためには，分離・精製のための技術が必要となる．分離プロセスは，相変化を利用する平衡分離と化学ポテンシャルの差や圧力差などの推進力の違いを利用する速度差分離に大別される．本章では，平衡分離についてまとめている．

蒸留は溶液に含まれる成分の蒸気圧の差（沸点の差）を利用する方法であり，石油精製をはじめ揮発性液体の分離に最も多く使われている分離方法である．

ガス吸収は混合ガス中の特定の成分を吸収液に溶解させる方法であり，ガス溶解度の差を利用する．燃焼ガスに多く含まれる二酸化炭素の除去などに使われる．

液液抽出は液体成分間の溶解度の差を利用する分離方法であり，加熱・冷却などの熱エネルギーを必要としない分離方法である．

晶析は融点の差を利用する分離方法で，固体（結晶）状態で高純度の製品を取り出すことができる．なお，晶析は本章で扱う平衡分離だけでなく，第Ⅱ巻で扱う速度差分離の観点からも理解する必要がある．

本書が，応用化学科，工業化学科，化学工学科などで化学工学を学ぶ学生諸君やエンジニアの方々が利用する入門書として役立てば幸甚である．

おわりに，本書を出版するに際してご尽力いただいた朝倉書店編集部に厚く御礼申し上げる．

2018 年 1 月

日秋俊彦

目　　次

Chapter 1　化学工学とは ………………………………………………………… 1
　1.1　化学プロセスの構成 …………………………………… 〔日秋俊彦〕… 2
　1.2　プロセスダイアグラム ………………………………………………… 3
　　1.2.1　ブロックフロー図 …………………………………………………… 3
　　1.2.2　プロセスフロー図 …………………………………………………… 4
　1.3　単位と次元 ……………………………………………… 〔児玉大輔〕… 4
　　1.3.1　国際単位系（SI）…………………………………………………… 5
　　1.3.2　従来の単位系 ………………………………………………………… 6
　　1.3.3　組成と濃度 …………………………………………………………… 8

Chapter 2　物質収支とエネルギー収支 ……………………………………… 10
　2.1　物質の状態と物性 ……………………………………… 〔児玉大輔〕… 10
　　2.1.1　相図 …………………………………………………………………… 10
　　2.1.2　蒸気圧 ………………………………………………………………… 11
　　2.1.3　状態方程式 …………………………………………………………… 12
　2.2　物質収支 ………………………………………………… 〔栗原清文〕… 13
　　2.2.1　物理的操作の物質収支 ……………………………………………… 14
　　2.2.2　化学反応をともなう操作の物質収支 ……………………………… 19
　2.3　エネルギー収支 ………………………………………… 〔日秋俊彦〕… 24
　　2.3.1　潜熱と顕熱 …………………………………………………………… 25

Chapter 3　流体輸送 …………………………………………… 〔松田弘幸〕… 28
　3.1　流体の流れ ……………………………………………………………… 28
　　3.1.1　管径・流速・流量 …………………………………………………… 28
　　3.1.2　流動の物質収支 ……………………………………………………… 29
　　3.1.3　流動のエネルギー収支 ……………………………………………… 30
　　3.1.4　流れの状態 …………………………………………………………… 32
　3.2　円管内の摩擦損失 ……………………………………………………… 33
　3.3　流体輸送に必要な動力 ………………………………………………… 36
　3.4　流量測定 ………………………………………………………………… 39
　　3.4.1　オリフィス計 ………………………………………………………… 39
　　3.4.2　ピトー管 ……………………………………………………………… 40

Chapter 4　熱移動操作 ………………………………………… 〔佐藤敏幸〕… 43
　4.1　伝導伝熱 ………………………………………………………………… 43
　　4.1.1　フーリエの法則 ……………………………………………………… 43
　　4.1.2　平板状固体層における熱伝導 ……………………………………… 44
　　4.1.3　多重平板状固体層における熱伝導 ………………………………… 45
　　4.1.4　円筒状固体層における熱伝導 ……………………………………… 47

iii

| | 4.1.5 | 多重円筒状固体層における熱伝導 ………………………… | 48 |

4.1.5　多重円筒状固体層における熱伝導 ………………………………… 48

4.2　対流伝熱 ………………………………………………………………… 50

4.2.1　熱貫流と熱伝達 ……………………………………………………… 50

4.2.2　熱交換器のモデル …………………………………………………… 52

4.2.3　二重管式熱交換器 …………………………………………………… 55

4.3　放射伝熱 ………………………………………………………………… 59

4.3.1　熱放射線 ……………………………………………………………… 59

4.3.2　2物体間における放射伝熱 ………………………………………… 59

4.3.3　放射および対流による複合伝熱 …………………………………… 60

Chapter 5　分離プロセス（平衡分離） ………………………………………… 62

5.1　蒸留 ……………………………………………………………〔栗原清文〕… 62

5.1.1　気液平衡 ……………………………………………………………… 63

5.1.2　計算による気液平衡 ………………………………………………… 65

5.1.3　蒸留の原理 …………………………………………………………… 71

5.1.4　単蒸留 ………………………………………………………………… 72

5.1.5　フラッシュ蒸留 ……………………………………………………… 74

5.1.6　段塔による連続蒸留 ………………………………………………… 74

5.2　ガス吸収 ………………………………………………………〔児玉大輔〕… 89

5.2.1　ガスの溶解度 ………………………………………………………… 90

5.2.2　吸収塔の設計と操作線 ……………………………………………… 91

5.2.3　化学反応をともなうガス吸収 ……………………………………… 93

5.3　液液抽出 ………………………………………………………〔松田弘幸〕… 94

5.3.1　液液平衡関係 ………………………………………………………… 94

5.3.2　3成分系溶解度曲線とタイライン ………………………………… 95

5.3.3　液液抽出装置 ………………………………………………………… 98

5.3.4　単抽出 ………………………………………………………………… 99

5.3.5　多回抽出 ……………………………………………………………… 101

5.3.6　向流多段抽出 ………………………………………………………… 104

5.4　晶析I …………………………………………………………〔松本真和〕… 106

5.4.1　固液平衡 ……………………………………………………………… 106

5.4.2　固液平衡と溶解度 …………………………………………………… 109

5.4.3　晶析現象 ……………………………………………………………… 110

5.4.4　分離技術としての晶析の得意分野 ………………………………… 111

文献 …………………………………………………………………………………… 112

付録 ………………………………………………………………〔児玉大輔〕… 113

索引 …………………………………………………………………………………… 117

〔Ⅱ巻　目次〕

Chapter 1　反応速度論
1.1　速度式
1.2　反応の解析
1.3　複雑な反応の速度
1.4　分子運動と衝突
1.5　反応とエネルギー

Chapter 2　分離プロセス（速度差分離）
2.1　晶析Ⅱ
2.2　吸着
2.3　調湿・乾燥
2.4　膜

Chapter 3　化学反応操作
3.1　化学反応の種類と反応速度
3.2　均一反応操作
3.3　気固反応操作
3.4　固体触媒反応操作
3.5　バイオ反応操作

Chapter 4　プロセス制御
4.1　プロセス制御とは
4.2　システムの表現
4.3　システムの応答特性
4.4　システムの安定性
4.5　制御系の解析・設計

Chapter 1 化学工学とは

　原料を，化学反応などによって目的の物質に変換し，人々の日常生活を支える製品を製造している産業が**化学産業**（chemical industry）である．化学産業では，物質変換の方法に化学反応だけでなく物理的変化や生物を利用したものもあり，これらの方法によって作り出される物質は目的に応じた精製過程を経て製品となる．この化学製品をどのようにして作るか，すなわち製造の仕組みを考えるのが**化学工学**（chemical engineering）である．

　化学製品（chemical products）は我々の身の回りにとても多く存在する（図1.1）．まず，衣食住から考えてみよう．繊維と染料によって作られる衣類は**化学技術者**（chemical engineer）によって生み出され，テキスタイル・デザイナーによって製品になる．私たちが毎日口にする野菜や果物は，化学肥料によって土壌の栄養素をコントロールし，生産者から提供される．家庭の台所で調理に使われる技法も，実は化学工学の知恵に満ちあふれている．部屋の中の壁や床は，無機材料，高分子材料や天然素材に化学的な加工を施して使われる．シャワーを浴びたり風呂に入ったりすれば，石鹸，シャンプー，リンスを使うであろうし，入浴後はローションやオーデコロンを使う人も多いであろう．これらは化学プロセスによって作られる製品である．皆さんは，頭痛を感じたり風邪をひいたりすれば薬を飲むであろう．多くの病気は長年研究された薬で治すことができ，化学技術者が薬を大量に生産するプラントを作って人類の健康の維持に貢献している．ノートパソコンやスマートフォンを毎日使う人が多いであろう．これらに使用される液晶や二次電池は，常に先端の化学材料である．

　挙げていけばキリがないほど我々の身の回りは化学製品にあふれている．そして，これからも役に立つ多くの化学製品が生み出されていくであろう．製品を，安全で環境に配慮された化学プロセスによって，多くの人に提供することや，一度汚染された環境を修復することができるのも化学工学の知識を持った化学技術者である．この本を手にする皆さんは，あらゆる産業界で化学工学の知識を持った化学技術者を必要としていることが容易に理解できるであろう．

化学製品
　工業薬品，化学肥料，紙，パルプ，ゴム，合成繊維，合成樹脂，医薬品，染料，洗剤，化粧品などが含まれる．

図1.1　化学工学の知識を持った化学技術者が作り出す化学製品

1.1 化学プロセスの構成

化学工学は,物理,化学,生物および数学の知識を利用して,化学物質,材料,エネルギーなどを工業的なスケールで作り出す化学技術者にとって,必須の学問体系である.

化学工学の知識を生かして製品を作るための工程を**化学プロセス**（chemical process）という.化学工業は化学プロセスの集合体といえる.

化学プロセスは次のような内容から成り立っている.
① 原料から化学反応などによって目的の物質に転換する反応プロセス
② 反応プロセスで得られた合成物から必要な物質を必要な純度に精製する分離プロセス
③ 反応や分離に必要な加熱・冷却に使われる熱移動
④ 原料,中間生成物,製品などがプロセス間を移動する物質輸送
⑤ 製造プロセス全体の管理と省エネルギー,高効率に最適化するためのプロセスシステム制御

化学プロセスの例として図 1.2 にメタノール製造プロセスを示した.このメタノール製造プロセスを化学反応の部分だけ取り出して説明しよう.メタノールはメタンを主成分とする天然ガスを原料とした**水蒸気改質**（methane steam reforming reaction）が最初の反応である.メタンに水蒸気を加え,触媒存在下で高温（750～900℃）に保つと水素と一酸化炭素が生成する.この反応では,同時に CO 転化反応（発熱反応）も起こるが,総合的に吸熱反応となるため高温で起きる反応である.続いて水蒸気改質で得られた一酸化炭素と水素を原料として,触媒存在下で温度 300～400℃,圧力 5～10 MPa にするとメタノールが生成する.

［水蒸気改質］

$CH_4 + H_2O \longrightarrow CO + 3H_2 \qquad \Delta H = 206\ kJ$（吸熱）

$CH_4 + 2H_2O \longrightarrow CO_2 + 4H_2 \qquad \Delta H = 165\ kJ$（吸熱）

［メタノール合成］

$CO + 2H_2 \longrightarrow CH_3OH \qquad \Delta H = -100\ kJ$（発熱）

$CO_2 + 3H_2 \longrightarrow CH_3OH + H_2O \qquad \Delta H = -58\ kJ$（発熱）

メタノールの製造
メタノールは酢酸などの化学基礎原料に使用されるため,2016 年では世界で年間約 8000 万トンの需要があり,今後市場は拡大すると予想される.大型のメタノール製造プラントは天然ガスを原料とした水蒸気改質法が使われる.

メタンの水蒸気改質
水蒸気改質反応は,水素を中間製品や最終製品とする水素プラントやアンモニアプラントに採用されており,燃料電池の水素製造システムにも使用されている.

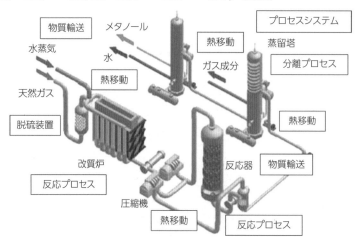

図 1.2　メタノール製造プロセス[1]

これらの反応式に基づいて実際の化学プロセスを構築するには，反応以外のプロセスが追加される．まず原料については，天然ガスからメタンだけを取り出す工程が必要である．一般に天然ガスに含まれるメタンは約90％であり，それ以外にC2以上の炭化水素，窒素，二酸化炭素を含んでいるが，特に触媒毒となる硫黄や塩素も数〜数十ppm含んでいるため，あらかじめ脱硫装置で触媒毒になる成分を除去する必要がある．

改質炉を出た合成ガス（COとH$_2$）は，反応圧力条件に合わせた圧縮工程を経て反応器に導入され，メタノール合成が行われる．反応器を出る成分は，主に合成された気体のメタノールと水，未反応の一酸化炭素と水素であり，これを冷却により気液分離し，メタノール水溶液を取り出す．続いて，メタノール水溶液は蒸留により高純度メタノールに精製する分離プロセスへ移動する．厳密には，反応器からメタノールと水以外に，エタノール，ブタノールなどのアルコール類，炭化水素，溶解したメタンや二酸化炭素なども含まれるので，蒸留塔は2〜3本用いられる．このように，化学プロセスは，反応プロセス，分離プロセス，加熱・冷却に使われる熱移動，装置間を輸送する物質輸送および温度，圧力の制御や未反応原料のリサイクルプロセスなどを組み上げるプロセスシステム制御により成り立っていることが分かる．

脱硫装置
石油や天然ガスなどの地下資源には硫黄や窒素が微量に含まれている．これらが燃焼などにより大気に放出されるとSO$_x$などの大気汚染物質となり，反応装置に混入すると触媒の劣化を促進するために，脱硫（disulfurization）という操作を行う．広く使われている方法は水素化脱硫法で，ニッケル，コバルト，モリブデンなどの金属をアルミナやシリカ-アルミナに担持した触媒が使われる．これにより，硫黄は硫化水素，窒素はアンモニアとなって炭化水素から分離される．

1.2 プロセスダイアグラム

1.2.1 ブロックフロー図

反応操作や分離操作をブロックで囲み，流れの順番に並べて図示し，物質の流れに従って矢印でつなげればプロセスのおおまかな内容を示すことができる．これを**ブロックフロー図**（block flow diagram：BFD）という．例として，前節に示したメタノール製造プロセスの流れを示すBFDを図1.3に示す．また，図1.4

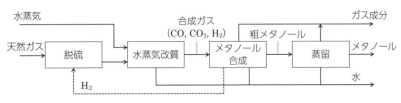

図1.3　メタノール製造プロセスのブロックフロー図

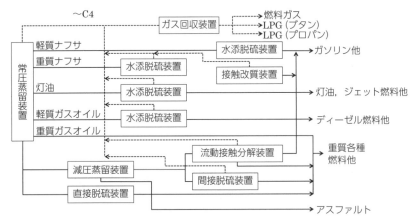

図1.4　石油精製プロセスのブロックフロー図

には石油精製工場での各種製品の精製プロセスの一部を示している．プロセス設計を行う場合はこのような簡単なフロー図を書き足していく．

1.2.2 プロセスフロー図

システムの基本構造を簡素に描いたBFDに対して，**プロセスフロー図**（process flow diagram：PFD）はシステム内の主要機器を実際の機器に近い略図で表し，プロセス配管で結んだ図のことをいう（図1.5）．PFDにはバルブやポンプの位置，主要なバイパス，循環ラインも示し，流量，温度，圧力などの動作条件や液体の組成なども記入される．

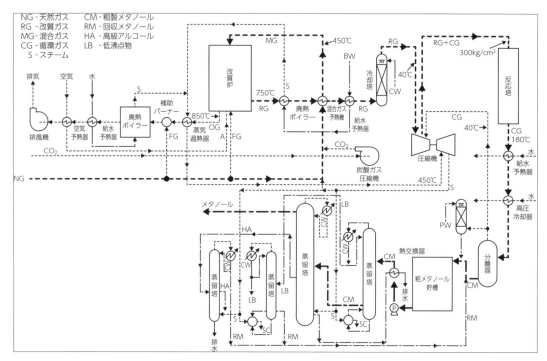

図1.5　プロセスフロー図[2]

1.3　単位と次元

化学工学を習得するためには，様々な物理量に慣れなければならない．物理量の大きさは，基準値に対して何倍であるか？によって表される．この基準となる物理量の大きさを**単位**（unit）という．様々な物理量のうち，**長さ**（length），**質量**（mass），**時間**（time），**温度**（temperature）などの独立した物理量の大きさの単位を**基本単位**（base unit）という．面積や速度など他の物理量の単位は，基本単位の組合せによって表され，これらは，**誘導（組立）単位**（derived unit）と呼ばれる．これら基本単位と誘導（組立）単位を総称して，**単位系**（system of units）という．

単位系には，基本単位の選び方によって，絶対単位系，重力単位系，工学単位系があり，10進法のメートル制と10進法ではない英国制が併用されてきた．このように，専門分野や国によって異なる単位系が長年使用されてきたが，換算が不便であったため，1960年に国際度量衡総会（General Conference on Weights and Measures）にて，**国際単位系**（SI：Système International d'Unités）が制定された．

1.3.1　国際単位系（SI）

国際単位系は，国際的に広く用いられている単位系であり，表 1.1 に示すように 7 種の基本単位と 2 種の補助単位からなる．長さはメートル［m］，質量はキログラム［kg］，時間は秒［s］，温度はケルビン［K］，物質量はモル［mol］を単位としてそれぞれ用いる．SI では，基本単位から組み立てられる誘導（組立）単位のうち固有な名称が与えられている単位が 17 種あるが，代表的な誘導単位を表 1.2 に示す．また，SI には，物理量の大きさを表すために，各単位の前につけられる接頭語も決められており，よく使う SI 接頭語を表 1.3 に示す．

表 1.1　SI 基本単位と補助単位

	物理量	名称		記号	次元
基本単位	長さ	メートル	meter	m	L
	質量	キログラム	kilogram	kg	M
	時間	秒	second	s	T
	電流	アンペア	ampere	A	I
	温度	ケルビン	kelvin	K	θ
	物質量	モル	mole	mol	N
	光度	カンデラ	candela	cd	J
補助単位	平面角	ラジアン	radian	rad	
	立体角	ステラジアン	steradian	sr	

表 1.2　代表的な SI 誘導（組立）単位

物理量	名称		記号	定義
力	ニュートン	newton	N	$kg \cdot m/s^2$
圧力	パスカル	pascal	Pa	$kg/(m \cdot s^2) = N/m^2$
仕事，エネルギー，熱	ジュール	joule	J	$kg \cdot m^2/s^2 = N \cdot m$
仕事率，動力	ワット	watt	W	$kg \cdot m^2/s^3 = J/s$
電位，電圧	ボルト	volt	V	W/A
電気抵抗	オーム	ohm	Ω	V/A
電荷，電気量	クーロン	coulomb	C	$A \cdot s$

表 1.3　SI 接頭語

大きさ		名称		記号
1 000 000 000 000 000 000	（＝10^{18}）	エクサ	exa	E
1 000 000 000 000 000	（＝10^{15}）	ペタ	peta	P
1 000 000 000 000	（＝10^{12}）	テラ	tera	T
1 000 000 000	（＝10^{9}）	ギガ	giga	G
1 000 000	（＝10^{6}）	メガ	mega	M
1 000	（＝10^{3}）	キロ	kilo	k
100	（＝10^{2}）	ヘクト	hecto	h
10	（＝10^{1}）	デカ	deca	da
1	（＝10^{0}）			
0.1	（＝10^{-1}）	デシ	deci	d
0.01	（＝10^{-2}）	センチ	centi	c
0.001	（＝10^{-3}）	ミリ	milli	m
0.000 001	（＝10^{-6}）	マイクロ	micro	μ
0.000 000 001	（＝10^{-9}）	ナノ	nano	n
0.000 000 000 001	（＝10^{-12}）	ピコ	pico	p
0.000 000 000 000 001	（＝10^{-15}）	フェムト	femto	f
0.000 000 000 000 000 001	（＝10^{-18}）	アト	atto	a

1.3.2　従来の単位系

　1960年に国際単位系が制定されて以降，国内では，SIの使用が計量法によって義務付けられているが，それ以前から使用されてきた単位が，現場では引き続き使用されている．基本物理量に，長さ，質量，時間，温度を選び，これらの単位を基本として組み立てられた単位系を**絶対単位系**という．絶対単位系において，長さ[cm]，質量[g]，時間[s]を基本単位とするものを**CGS単位系**といい，長さ[m]，質量[kg]，時間[s]を基本単位とするものを**MKS単位系**という．工業分野では，長さ，力，時間，温度を基本単位とする**重力単位系**が長年使用されてきた．重力単位系では，質量1kgの物体に作用し，9.807 m/s²の加速度を生じる力である重力を単位にとり，1kgf（または1kgw）と記し，1重量キログラムと呼ぶ．ニュートンの運動法則によると，力は質量と加速度の積であり，1kgfをSIで表すと，

$$1\,\text{kg} \times 9.807\,\text{m/s}^2 = 9.807\,\text{kg·m/s}^2 = 9.807\,\text{N}$$

となる．

　この他にも，一部の欧米各国では，長さにmi（マイル，mile），yd（ヤード，yard），ft（フィート，feet），in（インチ，inch）や，質量にlb（ポンド，pound）を用いるヤード・ポンド法，温度に華氏°F（ファーレンハイト，fahrenheit）を用いるなど，歴史的な背景から独自の単位系を使い続けている．表1.4に，日本とアメリカの単位系の相違を示す．

　温度の単位は，ケルビン温度や摂氏，華氏の他，ランキン温度があり，以下の式で換算できる．

[**摂氏**（Celsius scale）と**華氏**（Fahrenheit scale）]

$$T\,[\text{℃}] = \frac{5}{9}\{T\,[\text{°F}] - 32\}$$

$$T\,[\text{°F}] = \frac{9}{5}\{T\,[\text{℃}] + 32\}$$

[**ケルビン温度**（Kelvin）]

$$T\,[\text{K}] = T\,[\text{℃}] + 273.15$$

表1.4　日米における単位系の相違

	日本	アメリカ
長さ	km(キロメートル) m(メートル) cm(センチメートル) mm(ミリメートル)	1 mi(マイル)＝1760 yard＝1.6093 km 1 yd(ヤード)＝3 ft＝0.9144 m 1 ft(フィート)＝12 in＝30.48 cm 1 in(インチ)＝25.4 mm
質量	kg(キログラム) g(グラム)	1 lb(ポンド)＝16 oz＝0.4536 kg 1 oz(オンス)＝28.35 g
温度	℃(摂氏)	1°F(ファーレンハイト)＝1.8℃＋32
圧力	Pa(パスカル) atm(アトム) mmHg(ミリメートル水銀)	1 psi*＝6.8948×10³ Pa 1 bar＝10⁵ Pa
体積	L(リットル) mL(ミリリットル)	1 gal(ガロン)＝3.785 L 1 quart(クォート)＝0.946 L 1 pint(パイント)＝0.473 L
速度	km/h	1 mph(mi/h)＝1.609 km/h

＊：　pound-force per square inch（＝lbf/in²）の略
psia：　psi absolute（絶対圧）
psig：　psi gauge（ゲージ圧）

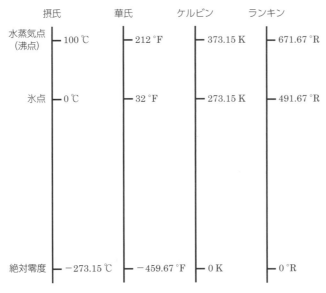

図 1.6 温度の単位の相関関係（水を例に）

[**ランキン温度**（Rankin）]
　$T\,[°R]=T\,[°F]+459.67$

また，図 1.6 に，それぞれの相関関係について，水を例に説明する．

このように，様々な単位系が混在使用され続けており，時として単位換算が必要になる．長さや質量の基本単位にはじまり，圧力やエネルギーなどの誘導単位は，付録にある単位換算表を利用し，速やかに計算できることが望まれる．なお，大気圧の国際基準である標準気圧（standard atmosphere）は，1 atm＝101325 Pa と定められている．また，エネルギーの単位は，仕事率や熱量によって定義されており，付録にある表に一例を示す．

■**例題 1.1**　次の量を SI 単位で表せ．
1. $5.0\,\mathrm{g/cm^3}$, 2. $100\,\mathrm{kgf/cm^2}$, 3. $60\,\mathrm{cal/(g\cdot °F)}$
4. 気体定数 $R=0.08205\,\mathrm{atm\cdot L/(mol\cdot K)}$

□**解**
1. $5.0\,\mathrm{g/cm^3}$
$$=\frac{5.0\times 10^{-3}\,\mathrm{kg}}{(10^{-2}\,\mathrm{m})^3}=5.0\times 10^3\,\mathrm{kg/m^3}$$
2. $100\,\mathrm{kgf/cm^2}$
$$=100\times 9.807\,\mathrm{N}\times(10^{-2}\,\mathrm{m})^{-2}=9.807\times 10^6\,\mathrm{N/m^2}=9.807\times 10^6\,\mathrm{Pa}=9.807\,\mathrm{MPa}$$
3. $60\,\mathrm{cal/(g\cdot °F)}$
$$=60\times\frac{4.1868\,\mathrm{J}}{(10^{-3}\,\mathrm{kg})\times(1/1.8\,\mathrm{K})}=452.1\,\mathrm{kJ/(kg\cdot K)}$$
4. 気体定数 $R=0.08205\,\mathrm{atm\cdot L/(mol\cdot K)}$
$$=0.08205\times 1.01325\times 10^5\,\mathrm{Pa}\times 10^{-3}\,\mathrm{m^3/(mol\cdot K)}=8.314\,\mathrm{Pa\cdot m^3/(mol\cdot K)}$$
$$=8.314\,\mathrm{J/(mol\cdot K)}\quad\square$$

■**例題 1.2**　次の量を指定された単位で表せ．
1. 質量 $45\,\mathrm{kg}=?\,\mathrm{lb}$, 2. 温度 $80\,°\mathrm{F}=?\,°\mathrm{C}=?\,\mathrm{K}=?\,°\mathrm{R}$

3. 長さ 5.5 ft＝? in＝? mm＝? m, 4. 密度 400 lb/in³＝? g/cm³＝? kg/m³

5. 圧力180 bar＝? MPa＝? psi＝? atm

6. 粘度 3.5 mPa·s＝? g/(cm·s)＝? lb/(ft·s)＝? kg/(m·h)

7. 熱量 150 J＝? cal＝? kW·h

□解

1. 45 kg＝45×2.205＝99 lb

2. 80 °F＝(80−32)/1.8＝26.67°C＝26.67＋273.15＝299.82 K
   ＝80＋459.67＝539.67 °R

3. 5.5 ft＝5.5×12＝66 in＝66×25.40＝1676 mm＝1676×10⁻³＝1.676 m

4. 400 lb/in³＝400×27.68＝11072 g/cm³＝11072×10³＝11.072×10⁶ kg/m³

5. 180 bar＝180×10⁵＝18×10⁶ Pa＝18 MPa
   ＝18×10⁶×1.4504×10⁻⁴＝2611 psi
   ＝18×10⁶/(1.01325×10⁵)＝177.6 atm

6. 3.5 mPa·s＝3.5×10⁻³×10＝3.5×10⁻² g/(cm·s)
   ＝3.5×10⁻²×0.06720＝0.002352＝0.0024 lb/(ft·s)
   ＝0.0024×5357＝13 kg/(m·h)

7. 150 J＝150×0.23901＝35.9 cal
   ＝35.9×1.1622×10⁻⁶＝41.7×10⁻⁶ kW·h   □

絶対単位系の基本量である質量，長さ，時間をそれぞれ M, L, T という記号で表せば，誘導量はすべて $M^a L^b T^c$ のような形で表すことができる．例えば，速度は LT^{-1}，密度は ML^{-3}，仕事は ML^2T^{-2} のように表される．このように，誘導量を基本量に対する記号のべき関数の形で表したものをその誘導量の**次元** (dimension) という．すなわち，次元は量の大きさには関係なく，誘導量がどのような基本量の組合せから成り立っているかを示すものである．絶対単位系では，質量 M，長さ L，時間 T を基本量としているが，質量 M の代わりに力 F を基本量として採用した単位系もある．表1.1に，SI基本単位と次元の関係を示す．

1.3.3 組成と濃度

食塩水のように，水に食塩を溶かし，均一な溶液状態にした混合物を溶液と呼ぶが，化学工学では，溶液などの混合物における溶質と溶媒の割合を表す際，溶液の物質量（もしくは質量）に対する溶質の物質量（もしくは質量）で表すことが多く，それぞれ，**モル分率**（mole fraction）もしくは**質量（重量）分率**（mass fraction）と呼ぶ．また，それぞれを100倍し，モルパーセント（mol%）や質量（重量）パーセント（wt%）で表す場合もあり，総称して**組成**（composition）と呼ぶ．

a. 質量分率 (X)

混合物の全質量 W に対する各成分の質量の割合のことである．純物質1, 2からなる2成分混合物の質量を W_1 [g]，W_2 [g] とし，質量分率を X_1, X_2 とすると，$W = W_1 + W_2$ であり，

$$X_1 = \frac{W_1}{W_1 + W_2} = \frac{W_1}{W}, \quad X_2 = \frac{W_2}{W_1 + W_2} = \frac{W_2}{W}$$

ただし，$X_1 + X_2 = 1$．

b. モル分率 (x)

混合物の全モル数に対する各成分のモル数の割合のことである．純物質1, 2からなる2成分混合物のモル数をn_1 [mol], n_2 [mol] とし，混合物のモル数をn [mol], 成分1, 2の分子量をM_1, M_2, 成分1, 2のモル分率をx_1, x_2とすると，

$$n_1 = \frac{W_1}{M_1}, \quad n_2 = \frac{W_2}{M_2}, \quad n = n_1 + n_2$$

なので，

$$x_1 = \frac{x_1}{x_1 + x_2} = \frac{n_1}{n}, \quad x_2 = \frac{x_2}{x_1 + x_2} = \frac{n_2}{n}$$

ただし，$x_1 + x_2 = 1$.

> モル分率，重量分率ともに，混合物組成の総和は，必ず1になる．

■例題 1.3 メタノール（成分1）20.0 g と水（成分2）80.0 g からなる混合溶液のメタノール質量分率X_1を求めよ．また，その溶液のモル分率も求めよ．

> メタノールの分子量 M_1：
> $12.0 + 16.0 + 4.0$
> $= 32.0$
> 水の分子量 M_2：
> $2.0 + 16.0 = 18.0$

□解

$$X_1 (\text{質量分率}) = \frac{\text{成分1の質量 (g)}}{\text{混合物の質量 (g)}} = \frac{20.0}{20.0 + 80.0} = 0.200$$

$$x_1 (\text{モル分率}) = \frac{X_1/M_1}{(X_1/M_1) + (X_2/M_2)} = \frac{0.200/32}{0.200/32.0 + 0.800/18.0} = 0.123 \quad \square$$

■例題 1.4 メタノール（成分1）と水（成分2）からなる混合溶液をモル分率$x_1 = 0.125$ で 1 kg 調製した．この溶液の質量分率を求めよ．また，各成分の分子数N_1, N_2 および体積V_1, V_2を求めよ．

> メタノールの密度 ρ_1：
> 0.825 g/cm^3
> 水の分子量 ρ_2：
> 1.000 g/cm^3

□解

$$X_1 (\text{質量分率}) = \frac{x_1 M_1}{x_1 M_1 + x_2 M_2} = \frac{0.125 \times 32.0}{0.125 \times 32.0 + (1 - 0.125) \times 18.0} = 0.203$$

$$W_1 = X_1 \times W = 0.203 \times 1000 = 203 \text{ g}$$

$$n_1 = \frac{W_1}{M_1} = \frac{203}{32.0} = 6.34 \text{ mol}$$

$$N_1 = n_1 \times 6.0 \times 10^{23} = 3.80 \times 10^{24} \text{ 個}$$

$$V_1 = \frac{W_1}{\rho_1} = \frac{203}{0.825} = 246 \text{ cm}^3$$

$$W_2 = X_2 \times W = (1 - 0.203) \times 1000 = 797 \text{ g}$$

$$n_2 = \frac{W_2}{M_2} = \frac{797}{18.0} = 44.2 \text{ mol}$$

$$N_2 = n_2 \times 6.0 \times 10^{23} = 2.65 \times 10^{25} \text{ 個}$$

$$V_2 = \frac{W_2}{\rho_2} = \frac{797}{1.000} = 797 \text{ cm}^3 \quad \square$$

Chapter 2 物質収支とエネルギー収支

2.1 物質の状態と物性

　化学工業プロセスは，自然界における様々な現象を利用した生産プロセスである．したがって，そのプロセスを設計・操作するためには，物質の状態と物性がどうなっているかについて，定性的かつ定量的に把握しておく必要がある．

2.1.1 相図

　純物質が，系の温度や圧力によって，固相，液相，気相のうち，どの状態を示すのかを表した図を**相図**（phase diagram）という．図2.1に各相の状態を圧力-温度で表した相図を示す．図中のtは**三重点**（triple point）と呼ばれ，固相，液相，気相が平衡状態で共存している．図2.2に各相の状態を圧力-体積で表した相図を示す．臨界等温線以上の範囲では，非凝縮性流体になる．一方，臨界等温線以下の領域では，蒸気になる．図2.2に基づいて，どのように相状態が変化するかを説明すると，点Aの蒸気を一定温度下で加圧すると，圧力上昇に伴い体積が小さくなる．点Bに到達すると**露点**（dew point）になり，飽和蒸気になる．ここから体積を小さくしても圧力は増加せず，凝縮が進んで液相が増加し圧力は一定になる．この状態での圧力を飽和蒸気圧という．体積をさらに小さくして点Dの**沸点**（boiling point）に達するとすべて液相になる．点Dの飽和液体から体積をさらに小さくすると，蒸気と比較して圧縮率がとても小さいことから，ごくわずかな変化で大幅に圧力が増加する．

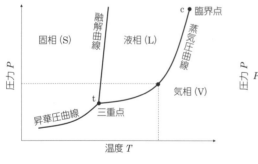

図2.1　圧力-温度で表した相図

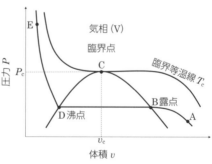

図2.2　圧力-体積で表した相図

図2.3　臨界温度以下での等温変化

図2.1および図2.2中の**臨界点**（critical point）は，各物質が必ず持っており，気体と液体が共存する最高の点である．1822年ラトゥール（Latour）が大砲の砲身を加工した容器にアルコールを1/3ほど石とともに入れ加熱し，ある温度で液相が消失することを転がる石の音で確認した．1869年にアンドリューズ（Andrews）により，臨界点近傍を含む二酸化炭素の PvT が詳細に測定され臨界点の名称が用いられた．臨界点における温度を臨界温度 T_c，圧力を臨界圧力 P_c という．図2.1で臨界温度，臨界圧力以上の領域を**超臨界流体**（supercritical fluid）という．超臨界流体は，気体と液体の中間的な性質を持ち，粘度が低く，高い拡散性を有することから天然物の抽出などに利用されている．なかでも超臨界二酸化炭素は無毒なため，コーヒー豆中のカフェイン抽出や香辛料抽出などに幅広く用いられている．

> 代表的な物質の臨界定数を付録に記載

2.1.2 蒸気圧

図2.1の固相と液相の境界線が**融解曲線**（melting curve），固相と気相の境界線が**昇華圧曲線**（sublimation pressure curve），液相と気相の境界線が**蒸気圧曲線**（vapor pressure curve）である．融解曲線の傾きは物質によって異なり，例えば，二酸化炭素は正の傾き，一方，水は負の傾きになる．

工業的に蒸留装置などを設計する場合，蒸気圧と温度を正確に求めることが必要になる．図2.4に，様々な純物質の蒸気圧を示す．物質の蒸気圧と温度の関係を熱力学的に表すことができ，(2.1)式に示す**クラウジウス–クラペイロンの式**（Clausius-Clapeyron equation）によって特徴付けられる．

$$\ln P = A - \frac{B}{T} \tag{2.1}$$

ここで A, B は，物質によって異なる定数である．また，クラウジウス–クラペ

> 本書では ln で自然対数，log で常用対数を表す．

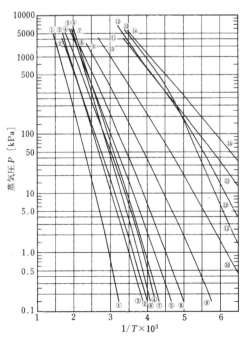

① アニリン
② トルエン
③ 酢 酸
④ ベンゼン
⑤ アセトン
⑥ エタノール
⑦ メタノール
⑧ ジエチルエーテル
⑨ ブタン
⑩ プロパン
⑪ エタン
⑫ アセチレン
⑬ 二酸化炭素
⑭ エチレン

図2.4 様々な純物質の蒸気圧

イロンの式を修正した**アントワン式**（Antoine equation）は，広く工業的に用いられている．

$$\ln P = A - \frac{B}{T+C} \tag{2.2}$$

ここで A, B, C は，物質によって異なるアントワン定数である．

代表的な物質のアントワン定数を付録に記載

■**例題 2.1**　アントワン式を利用し，蒸気圧を求めよ．

1. 80℃におけるエタノールの蒸気圧 P [atm]

$$\log P\,[\text{mmHg}] = 8.0449 - \frac{1554.3}{t\,[\text{℃}]+222.65}$$

2. 60℃におけるアセトンの蒸気圧 P [kPa]

$$\log P\,[\text{bar}] = 4.21840 - \frac{1197.01}{t\,[\text{℃}]+228.060}$$

□**解**

1. $\log P\,[\text{mmHg}] = 8.0449 - \dfrac{1554.3}{80+222.65} = 2.9093$

   $P = 811.46\ \text{mmHg} = \dfrac{811.46}{760} = 1.0677\ \text{atm}$

2. $\log P\,[\text{bar}] = 4.21840 - \dfrac{1197.01}{60+228.060} = 0.062981$

   $P = 1.15606\ \text{bar} = 1.15606 \times 10^5\ \text{Pa} = 115.61\ \text{kPa}$　□

2.1.3　状態方程式

物質の量と圧力（P），体積（V），温度（T）の関係は，互いに独立ではない．これらの変数を結びつけた関係式のことを，**状態方程式**（equation of state）という．状態方程式は，広い温度，圧力範囲および複雑な混合物への適応性も高く，様々な化学物質を対象とする装置の設計および操作に必要とされる物性値を推算する手法として，工業的に有効な手段である．

a. 理想気体の状態方程式

状態方程式として最も簡単なものは，理想気体の状態方程式である．ボイル（Boyle）の法則とシャルル（Charles）またはゲイ=リュサック（Gay-Lussac）の法則から，PVT 関係を次式で表すことができる．

気体 n mol のとき：　$PV = nRT$ $\qquad\qquad$ (2.3)

気体 1 mol のとき：　$Pv = RT$ $\qquad\qquad$ (2.4)

ここで，P は圧力，V は体積，v はモル体積（$=V/n$）であり，T は温度，R は気体定数（8.314 J/(mol·K)）である．この式は，分子の体積を無視でき，分子間相互作用を完全に無視できる系に対してのみ成立する．

b. 実在気体の状態方程式

実在気体の PVT 挙動を表現するためには，分子の大きさや引力の効果を考慮しなければならない．実在気体の挙動を初めて定性的に正しく与えたのがファンデルワールス式（van der Waals equation）である．ファンデルワールス式は，分子どうしが引き合う効果を表した引力パラメータ a と分子の体積を考慮したパラメータ b を含んでいる．

$$P = \frac{RT}{v-b} - \frac{a}{v^2} \tag{2.5}$$

（2.5）式中のパラメータ a, b は物質固有の値であり，ファンデルワールス式を用いる際に求めておく必要がある．臨界温度 T_c では等温線が変曲することから，

$$\left(\frac{\partial P}{\partial v}\right)_{T_c} = 0, \quad \left(\frac{\partial^2 P}{\partial v^2}\right)_{T_c} = 0 \tag{2.6}$$

また，臨界点では，次式が成立する．

$$P_c = P(T_c, v_c) \tag{2.7}$$

（2.6），（2.7）式中の関係に，（2.5）式を代入することにより，ファンデルワールス式のパラメータ a, b は以下のように決定できる．

$$a = \frac{27R^2 T_c^2}{64 P_c} = 3 P_c v_c^2 = \frac{9}{8} R T_c v_c \tag{2.8}$$

$$b = \frac{RT_c}{8 P_c} \tag{2.9}$$

■**例題 2.2** 体積 $0.20\,\mathrm{m^3}$ のボンベに $10\,\mathrm{kg}$ の二酸化炭素が入っている．温度が $25\,℃$ のとき，ボンベ内の圧力を理想気体の状態方程式，ファンデルワールス式により，それぞれ求めよ．

□**解** 条件より，$T = 298.15\,\mathrm{K}$，$v = 0.20\,\mathrm{m^3}$，$n = 10/44 = 0.2273\,\mathrm{kmol}$
二酸化炭素の臨界定数は，$T_c = 304.12\,\mathrm{K}$，$P_c = 7.374\,\mathrm{MPa}$ である．

［理想気体の状態方程式］

$$P = \frac{nRT}{V} = \frac{(0.2273\,\mathrm{kmol}) \times (8.314\,\mathrm{Pa \cdot m^3/(mol \cdot K)}) \times (298.15\,\mathrm{K})}{0.20\,\mathrm{m^3}}$$

$$= 2.817\,\mathrm{MPa}$$

［ファンデルワールス式］

$$a = \frac{27R^2 T_c^2}{64 P_c} = \frac{27 \times (8.314\,\mathrm{Pa \cdot m^3/(mol \cdot K)})^2 \times (304.12\,\mathrm{K})^2}{64 \times (7.374 \times 10^3\,\mathrm{kPa})}$$

$$= 365.8\,\mathrm{kPa \cdot m^6/kmol}$$

$$b = \frac{RT_c}{8 P_c} = \frac{(8.314\,\mathrm{Pa \cdot m^3/(mol \cdot K)}) \times (304.12\,\mathrm{K})}{8 \times (7.374 \times 10^3\,\mathrm{kPa})} = 0.04286\,\mathrm{m^3/kmol}$$

$$\left(P + \frac{n^2 a}{V^2}\right)(V - nb) = nRT \text{ より，}$$

$$\left\{ P + \frac{(0.2273\,\mathrm{kmol})^2 \times (365.8\,\mathrm{kPa \cdot m^6/kmol})}{(0.20\,\mathrm{m^3})^2} \right\}$$

$$\times \{(0.20\,\mathrm{m^3}) - (0.2273\,\mathrm{kmol}) \times (0.04286\,\mathrm{m^3/kmol})\}$$

$$= (0.2273\,\mathrm{kmol}) \times (8.314\,\mathrm{Pa \cdot m^3/(mol \cdot K)}) \times 298.15\,\mathrm{K}$$

$$P = 2.489\,\mathrm{MPa} \quad □$$

2.2 物 質 収 支

物質収支は，第 1 章で示した化学工学という学問体系を支える柱の一つであり，化学技術者がその考え方を理解し，それを実際の装置や化学プロセスに適用することができなければいけない重要な基礎事項の一つである．この化学プロセスには，連続的に原料を供給し，連続的に製品を取り出す**連続式プロセス**と，一回ごとに原料と製品を出し入れする**回分式プロセス**がある．このうち前者は製品

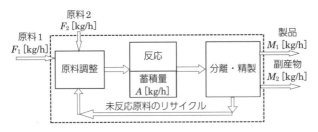

図 2.5 化学プロセスの工程

を大量生産するときに適しており，後者は少量でも付加価値が高い製品や多種の製品を生産する場合に用いられている．

さて，このような化学プロセスに出入りする物質（原料，目的物質，副産物）の量（質量，物質量）の収支を**物質収支**（material balance）と呼ぶ．すなわち，

  入　量＝プロセスや装置に入る物質の量
  出　量＝プロセスや装置から出る物質の量
  蓄積量＝プロセスや装置内で時間とともに増加する物質の量（減少するときは減少量）

とすると，その物質収支は**質量保存の法則**（law of conservation of mass）に則り，次式で表される．

  入量－出量＝蓄積量　　　　　　　　　　　　　　　　　　　　　　　　(2.10)

(2.10) 式は物質収支式と呼ばれ，この関係を図 2.5 に当てはめると，図 2.5 中，破線の領域について，入量は (F_1+F_2)[kg/h]，出量は (M_1+M_2)[kg/h] であり，A [kg/h] は蓄積量であるから，次式が成立する．

$$(F_1+F_2)-(M_1+M_2)=A \tag{2.11}$$

またプロセスが連続式プロセスである場合には，経時的にいずれの物質の量も変化しない**定常状態**（steady state）で操作・運転される．換言すると，この状態では物質の量は時間に関係なく一定であることから，時間に対する変化量である蓄積量（減少量）A [kg/h] は 0 となる．そのため，この場合の物質収支式は (2.12) 式で与えられる．

  入量＝出量　（定常状態における連続式プロセス）　　　　　　　　　　(2.12)

さて，このような物質収支は次のような場合に重要となる．

①化学プロセスに出入りするすべての物質の量の中で未知量があるとき，物質収支式に既知量を代入することにより，式中の未知量が決定できる．

②すべての物質の量が既知であれば，それらを物質収支式に代入し，物質収支が成立しているかどうかを確認することにより，化学プロセスが正常に操作・運転されているかを点検することができる．

なお，本書では定常状態で操作・運転されている連続式プロセスや装置を例題として，具体的に物質収支を用いた未知量の決定方法を説明する．

2.2.1　物理的操作の物質収支

連続式プロセスが定常状態で操作・運転されるとき，その物質収支は (2.12) 式で表されるわけであるが，本項ではまず，原料調整工程や分離・精製工程で用いられる混合，蒸発，蒸留などの化学反応をともなわない物理的操作を対象とした物質収支を考える．

さて，物理的操作のみのプロセスや装置に出入りする物質の量は，反応による物質変換が起こらないため，(2.12) 式は質量（kg）だけでなく物質量（mol）を用いても成立する．そのため，プロセスや装置に出入りする物質の量の中の未知量を質量でも物質量でも，物質収支式に基づき決定できるが，それには一般的に次の4つのステップが用いられる．

ステップ1 プロセスや装置の簡単なフローシート（流れ図）を描く．

ステップ2 フローシート中に物質収支に関連する情報を記入し，既知量と未知量を明確にする．

ステップ3 物質収支式を立て，式中の未知量を求める．

ステップ4 未使用の物質収支式を用いて，求めた未知量の検算を行う．

これらのステップの中でステップ3において，物質収支式を立てるわけであるが，化学プロセスの工程，特に，分離・精製工程に入る物質は混合物であるから，その収支式としては，混合物全体の収支式である**全物質収支式**（total material balance）に加えて，混合物を構成する成分ごとの収支を表す**成分収支式**（component balance）を立てる必要がある．その詳細は例題2.3を用いて説明するが，基本的に未知量の決定は，これらの収支式を連立させて解くことによって行うことになる．これは n 元連立方程式の解法を行うことを意味するが，この n は未知量の数に相当し，数学的に n 個の未知量が求められる条件は，

$$（未知量の数 \, n）＝（独立した式の数） \tag{2.13}$$

であることに注意が必要である．

もし (2.13) 式が成立せず，（未知量の数）＞（独立した式の数）の場合には未知量の決定は数学的に不能となるが，このようなときには，次のような対策が有効である．つまりこの場合，未知量の数が多すぎるわけであるから，(1) 適当な未知量（質量，物質量）を既知量に変えてしまい，未知量の数を減らしてしまえば，(2.13) 式を満足させることが可能となる．例えば，「原料量を 100 kg/h とする」，あるいは「製品量を 1000 mol/h とする」などの計算基準を設定するのである．このとき，連立方程式の解法が煩雑にならないように，計算基準には極大や極小の数値は採用せず，また，中途半端ではなく切りの良い数値（1，10，100，1000 など）を用いるべきである．また，(2) プロセスや装置に出入りする物質（成分）の中で，その量が全く変化しない成分があれば，それを手がかり成分として，比較的簡単に未知量を求められることがある．

■**例題 2.3** 表2.1のような組成を持つベンゼン，シクロヘキサン，1-プロパノールを含む3種の溶液（液体混合物）a，b，c を連続的に撹拌槽に供給し，混合により溶液 d を得ている．このとき，a，b，c の各溶液をどのような割合（質量基準）で混合しているか求めよ．

表2.1 3種の溶液の組成（例題2.3）

溶液	成分組成（質量（wt）%）		
	ベンゼン	シクロヘキサン	1-プロパノール
a	50.0	20.0	30.0
b	20.0	70.0	10.0
c	10.0	10.0	80.0
d	32.0	27.0	41.0

質量%，wt%は p.8 参照．

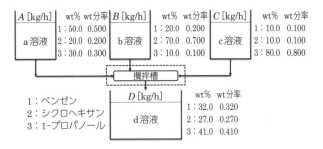

図2.6 ベンゼン，シクロヘキサン，1-プロパノールの混合プロセス

□**解** まず簡単なフローシートを描き，そこに物質収支に関係する情報を記入する．一例を図2.6に示す．

次に攪拌槽（図中，破線の枠内）の物質収支を考えると，その収支式は次式で表される．

[**全物質収支式**]

$A + B + C = D$ ①

[**成分収支式**]

ベンゼン： $0.500A + 0.200B + 0.100C = 0.320D$ ②

シクロヘキサン： $0.200A + 0.700B + 0.100C = 0.270D$ ③

1-プロパノール： $0.300A + 0.100B + 0.800C = 0.410D$ ④

ここで，式①から④中の未知量の数はA, B, C, Dの4個であり，一方，式の数は4であり，一見，式①から④を連立して解けば（4元連立方程式の解法），未知量4個を決定することが可能なように思われる．しかし，式②から④は混合物中の成分組成を用いて表した収支式であるため，例えば，式②，③，④から式①を導出できるため，式①から④は独立していない．

見方を変えれば，これは，式①～④から適当な式を3つ選択すれば，その3つの式は独立した関係にあることを意味する．しかし，3つの式から4個の未知量を求めることは数学的に不可能である．そのため，前述の対策（1）に従い，4個の未知量の中の1つに計算基準を設定し，未知量の数を独立した式の数と同じ **3個に減らす必要がある**．

そこで，d溶液の1時間あたりの質量D[kg/h]に次のような計算基準を設定すると（この例題では液量A, B, Cが求めたい量であるから，これらの量への計算基準の設定を避ける），

計算基準：$D = 1000$ kg/h

式①から④は次式となり，

[**全物質収支式**]

$A + B + C = 1000$ ①′

[**成分収支式**]

ベンゼン： $0.500A + 0.200B + 0.100C = 0.320 \times 1000 = 320$ ②′

シクロヘキサン： $0.200A + 0.700B + 0.100C = 0.270 \times 1000 = 270$ ③′

1-プロパノール： $0.300A + 0.100B + 0.800C = 0.410 \times 1000 = 410$ ④′

未知量の数は4から3個に減るため，式①′～④′の中から，式②′，③′，④′を選択して3元連立方程式を解くと，液量A, B, Cは次のように求められる．

$A = 500$ kg/h, $B = 200$ kg/h, $C = 300$ kg/h

3個に減らす必要がある
例題2.3では，溶液a, b, cを混合する割合，すなわち相対値を求めるため，計算基準をどの未知量にどのような数値を設定しても正答は変わらない．

最後に，これらの結果の検算を，未使用の式①′を用いて行うと，
式①′の左辺 = 500＋200＋300＝1000
式①′の右辺 = 1000
∴ 左辺 = 右辺
であるから，液量 A，B，C が正しく計算されたことが確認できる．
よって，a，b，c の各溶液の混合比は，5：2：3 である．　□

■**例題 2.4**　15.0 wt% の無機塩を含む水溶液を，図 2.7 のような蒸発プロセスによって水分を除去し，無機塩が 32.0 wt% になるまで濃縮している．第 1 蒸発缶の蒸発水分量が第 2 蒸発缶のそれの 1.5 倍（質量基準）であるとき，原液 400.0 kg/h について次の問いに答えよ．

1. 濃縮液量 [kg/h] はいくらか．
2. 各蒸発缶の蒸発水分量 [kg/h] を求めよ．
3. 第 1 蒸発缶出口の無機塩水溶液の組成（質量（wt）分率）を求めよ．

□**解**　まず図 2.7 のようなフローシートを描き，その中に物質収支に関係する情報を記入する．次に，この蒸発プロセス（図中，破線の領域）の物質収支を考えると，その収支式は次式で表される．

［**全物質収支式**］
$$400.0 = 2.5G + W_2 \quad ①$$

［**成分収支式**］
無機塩：　$0.150 \times 400.0 = 60.0 = 0.320 W_2$ ②
水：　　　$0.850 \times 400.0 = 340.0 = 2.5G + 0.680 W_2$ ③

1. まず式②を用いて，第 2 蒸発缶からの濃縮液の液量 W_2 [kg/h] を求める．
$$W_2 = \frac{60.0}{0.320} = 187.5 \text{ kg/h}$$

2. 次に，この結果を式①に代入すると，第 2 蒸発缶の蒸発水分量 G [kg/h] は，
$$G = \frac{400.0 - 187.5}{2.5} = 85.00 \text{ kg/h}$$

であるから，第 1 蒸発缶の蒸発水分量（$1.5G$）は 127.5 kg/h である．

これらの結果を未使用の収支式③を用いて検算すると，
式③の左辺 = 340.0
式③の右辺 = $2.5 \times 85.00 + 0.680 \times 187.5 = 340.0$
∴ 左辺 = 右辺

よって，液量 W_2 と両蒸発缶の蒸発水分量の解は正しい．

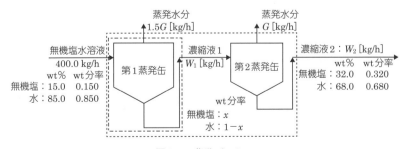

図 2.7　蒸発プロセス

3. 次に第1蒸発缶（図中，一点鎖線の領域）の物質収支を考えると，その収支式は次式で表される．

[全物質収支式]

　　$400.0 = 1.5G + W_1$　　　　　　　　　　　　　　　　　　　　　④

[成分収支式]

　　無機塩：　$60.0 = xW_1$　　　　　　　　　　　　　　　　　　　⑤
　　水：　　　$340.0 = 1.5G + (1-x)W_1$　　　　　　　　　　　　　⑥

ここで G は 85.00 kg/h であるので，式④に代入して，第1蒸発缶からの濃縮液の液量 W_1 [kg/h] を求めると，

　　$W_1 = 400.0 - 1.5 \times 85.00 = 272.5$ kg/h

であるから，この結果を式⑤に代入すると，無機塩組成 x が求められる．

　　$x = \dfrac{60.0}{272.5} = 0.2202$ wt分率

これらの結果を未使用の収支式⑥を用いて検算すると，

　　式⑥の左辺 = 340.0
　　式⑥の右辺 = $1.5 \times 85.00 + (1 - 0.2202) \times 272.5 = 340.0$
　　∴ 左辺 = 右辺

よって，液量 W_2 と両蒸発缶の蒸発水分量は正しく計算されたといえる．　□

■**例題 2.5**　メタノール 50.0 mol%，エタノール 2.0 mol%，水 48.0 mol% からなる水溶液を 100.0 mol/h で連続蒸留塔に供給し，メタノール 0.2 mol%，エタノール 2.5 mol% を含む塔底液を得ている．供給原料中の水の 98.5%（物質量基準）が塔底液に含まれている．このプロセスについて，次の問いに答えよ．

1. 塔頂液と塔底液の量 [mol/h] はいくらか．
2. 塔頂液の組成 [mol 分率] を求めよ．

□**解**　フローシートの一例を図 2.8 に示す．次にフローシート中に物質収支に関連のある情報を書き込み，この蒸留プロセス（図中，破線の枠内）の物質収支を考えると，その収支式は次式で表される．

[全物質収支式]

　　$100.0 = D + W$　　　　　　　　　　　　　　　　　　　　　　①

[成分収支式]

　　メタノール：　$0.500 \times 100.0 = 50.0 = x_1 D + 0.002 W$　　　　②
　　エタノール：　$0.020 \times 100.0 = 2.0 = x_2 D + 0.025 W$　　　　③
　　水：　　　　　$0.480 \times 100.0 = 48.0 = x_3 D + 0.973 W$　　　　④

また条件より，供給原料中の水の 98.5% が塔底物に含まれているので次式が成

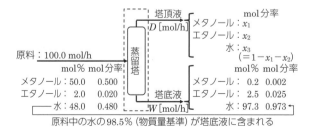

図 2.8　蒸留プロセス

立する.

$$48.0 \times 0.985 = 0.973W \qquad\qquad\qquad ⑤$$

1. まず, 式⑤から塔底液量 $W\,[\mathrm{mol/h}]$ を求めると,

$$W = \frac{48.0 \times 0.985}{0.973} = 48.6\,\mathrm{mol/h}$$

であるから, 式①から塔頂液量 D は $51.4\,\mathrm{mol/h}$ と求まる.

2. この結果を式②および③に代入して, 塔頂液中のメタノール組成 x_1 とエタノール組成 x_2 をそれぞれ算出する.

$$x_1 = \frac{50.0 - 0.002 \times 48.6}{51.4} = 0.971\,\mathrm{mol\,分率}$$

$$x_2 = \frac{2.0 - 0.025 \times 48.6}{51.4} = 0.015\,\mathrm{mol\,分率}$$

よって, 塔頂液中の水組成 x_3 は, $x_3 = 1 - x_1 - x_2 = 0.014\,\mathrm{mol\,分率}$ である.

最後に, これらの結果を未使用の収支式④を用いて検算すると,

式④の左辺 $= 48.0$

式④の右辺 $= 0.014 \times 51.4 + 0.973 \times 48.6 = 48.0$

∴ 左辺 $=$ 右辺

であるから, 未知量および未知組成はすべて正しく計算されたことが確認できる.　□

2.2.2　化学反応をともなう操作の物質収支

化学プロセスにおける反応工程など, 反応プロセスや反応器における物質収支は, 化学反応に関わる反応物質と生成物質の量的関係を規定するものである. そこでまず, 化学反応式として次式を考える.

$$n_A A + n_B B \longrightarrow n_C C + n_D D \qquad\qquad (2.14)$$

反応における物質収支は, 式中左辺の反応物質（A, B）の量を入量, 右辺の生成物質（C, D）の量を出量として取り扱われる.

具体的な反応として, 次のメタノールの酸化によるホルムアルデヒドの合成反応（気相反応）を考えると, 反応式は次のようになる.

$$CH_3OH + \frac{1}{2}O_2 \rightleftharpoons HCHO + H_2O \qquad\qquad (2.15)$$

1 mol のメタノールが酸化すると, その反応には 0.5 mol の O_2 が必要であり, 生成物質は 1 mol のホルムアルデヒドと同じく 1 mol の H_2O であることを (2.15) 式は表している. この関係を質量で考えると, 表 2.2 に示すように, 化学反応においても質量保存の法則に則り, **(2.12) 式の関係が成立している**.

しかし化学反応において各物質の量は質量ではなく, 化学反応式に従い物質量で表すことが**通例**であるから, (2.12) 式を使用せず, その量的関係が定められることが化学反応をともなう操作の物質収支の特徴である. つまり, 反応式中の

表 2.2　ホルムアルデヒドの合成反応をめぐる物資収支

物質	入量			出量		
	CH_3OH	O_2	合計	HCHO	H_2O	合計
物質量 [mol]	1	0.5	1.5	1	1	2
モル質量 [g/mol]	32	32		30	18	
質量 [kg] $\times 10^3$	32	16	48	30	18	48

(2.12) 式の関係が成立している

この関係は物質量では成立しない. それは, 物質量がその物質を構成する粒子の個数（1 mol は 6×10^{23} 個）として定義されるため, 入量と出量を計算する物質が同じであれば, その粒子数も等しくなるが, 比較する物質が異なる化学反応においては, この関係は成り立たないのである.

通例

ポリマーを生成する重合反応など例外はある.

図 2.9 ホルムアルデヒドの合成反応

いずれか 1 つの物質の物質量が与えられれば，他の物質の理論量 (mol) が求められることになる．したがって，前項の「物理的操作の物質収支」において未知量を決定するために用いた 4 つのステップの中で，ステップ 3 と 4 を本項では使用することができないが，問題の理解を深める上でステップ 1 と 2 については，本項においても実行されるべきである．

一方，実際の化学プロセスの反応工程では，可逆反応のように反応が完結せずに律速に達してしまい平衡状態となる場合や，反応物質が反応式で与えられている物質量の比率で反応器に供給されていない場合もあるため，反応物質と生成物質の量的関係は単に反応式のみから規定することはできない．

例えば前述のホルムアルデヒドの合成反応について，図 2.9 に示すフローシートのように F [mol/h] のメタノールと a [mol/h] の O_2 を反応器に供給し，メタノール F [mol/h] あたり f [mol/h] が反応した後，未反応のメタノールと O_2 を含む混合ガスが反応器から取り出される場合を考える．

すなわち図 2.9 においては，メタノールが F [mol/h] あたり f [mol/h] しか反応しないので，メタノールの反応する割合を次式で定義される**反応完結度** (conversion of reaction) z で表すことにすると，

$$z = \frac{反応量}{供給量} = \frac{f}{F} \tag{2.16}$$

この反応完結度 z は反応物質 1 mol が反応する**物質量に相当**し，反応物質ごとに**異なる値を持つ**が，ここではメタノール基準の z を用いるので，メタノールの反応量は (2.16) 式より，Fz [mol/h]（供給量×反応完結度）であるから（$z=1$ ならばすべてのメタノールが反応する），反応式 (2.15) より，混合ガス中の各成分の 1 時間あたりの**物質量** [mol/h] は図 2.9 中に示す計算式で求められる．

> **物質量に相当**
> $z \times 100$ とした百分率 (％) で反応完結度を表す場合もある．
>
> **異なる値を持つ**
> この例では，メタノールと O_2 の z の値は一致しない．
>
> **物質量 [mol/h]**
> 単位時間あたりの物質量であるから，正式には物質流量である．

■**例題 2.6** (2.15) 式の反応について，反応器にメタノールを 25.6 kg/h，O_2 を 19.2 kg/h 供給し，反応が平衡に達した後，反応器から出る混合ガスを分析したところ，生成したホルムアルデヒドと水以外に未反応のメタノールと O_2 が含まれていることが確認された．また混合ガスの体積を標準状態（$P = 101325$ Pa，$T = 273.15$ K）で測定したところ，36.76 m^3/h であった．次の問いに答えよ．

$$CH_3OH + \frac{1}{2}O_2 \rightleftharpoons HCHO + H_2O$$

1. メタノール基準の反応完結度（物質量基準）はいくらか．
2. 混合ガスの組成（mol 分率）を求めよ．

□**解** フローシートの一例を図 2.10 に示す．

1. まずメタノールと O_2 の供給量を 1 時間あたりの物質量に換算すると，表 2.2 中のモル質量を用いて，

図 2.10 ホルムアルデヒドの合成反応の一例（例題 2.6）

メタノール： $F = \dfrac{25.6 \text{ kg/h}}{32 \text{ kg/kmol}} = 0.800 \text{ kmol/h} = 800 \text{ mol/h}$

O_2： $a = \dfrac{19.2 \text{ kg/h}}{32 \text{ kg/kmol}} = 0.600 \text{ kmol/h} = 600 \text{ mol/h}$

であり，一方，反応器出口の混合ガスを理想気体と見なすと，理想気体の状態式を用いて，1時間あたりの体積 V [m³/h] から物質量 n [mol/h] が求められる．すなわち，混合ガスの体積 36.76 m³/h は標準状態における値であるから，$P = 101325$ Pa，$T = 273.15$ K として，

$$n = \dfrac{PV}{RT} = \dfrac{101325 \times 36.76}{8.314 \times 273.15} = 1640 \text{ mol/h}$$

が得られる．この n は混合ガス中の成分量 [mol/h] の総和であるから，

$A + B + C + D = n$

であり，式中の A, B, C, D は図 2.9 を参照して，それぞれ F, a, z を用いて表すと，次式が与えられる．

$Fz + Fz + F(1-z) + a - 0.5Fz = n$

そこで，$F = 800$ mol/h，$a = 600$ mol/h，$n = 1640$ mol/h を代入すると，次のように反応完結度 z が算出される．

$$z = \dfrac{n - F - a}{0.5F} = \dfrac{1640 - 800 - 600}{0.5 \times 800} = 0.600$$

2. 混合ガス中の各成分量は図 2.9 より，次のように求められる．

生成ホルムアルデヒド量 $A = Fz = 800 \times 0.600 = 480$ mol/h
生成 H_2O 量 $B = Fz = 800 \times 0.600 = 480$ mol/h
未反応メタノール量 $C = F(1-z) = 800(1 - 0.600) = 320$ mol/h
未反応 O_2 量 $D = a - 0.5Fz = 600 - 0.5 \times 800 \times 0.600 = 360$ mol/h

以上より，mol 分率は表 2.3 のようになる．□

表 2.3

成分	物質量 [mol/h]	mol 分率
HCHO	480	0.2927
H_2O	480	0.2927
CH_3OH	320	0.1951
O_2	360	0.2195
合計	1640	1.0000

なお酸化反応の中で，熱や光をともなう反応が燃焼であるが，実際の燃焼炉などを用いた燃焼プロセスでは，燃料となる炭化水素類やアルコール類をすべて**完全燃焼**（complete combustion）させるために必要な O_2 量を**理論酸素量**（theoretical amount of oxygen）と呼び，これを基準として O_2 がどの程度過剰に供給されているかを表すための指標として，次の過剰量 [%] が用いられている．

完全燃焼
完全燃焼の生成物質は CO_2 と H_2O であり，一方，不完全燃焼では猛毒の CO が CO_2 に代わって，H_2O とともに生成する．日常生活において，不完全燃焼が生じる原因は酸素不足である．

$$O_2 の過剰量 [\%] = \frac{実際に供給した O_2 量 - 理論 O_2 量}{理論 O_2 量} \times 100 \qquad (2.17)$$

見方を変えれば，**O_2 の過剰量[%]** と**理論酸素量**が与えられれば，実際に供給した O_2 量を（2.17）式から計算できることになる．また，O_2 の供給源としては多くの場合空気が使用されているが，本章では，大気圧以下の低圧力の**空気は N_2 と O_2 の混合気体**であり，その割合は $N_2 : O_2 = 79 : 21$（物質量基準）と見なすことにする．

理論酸素量
燃焼反応以外の O_2 による酸化反応で理論酸素量を用いる場合には，酸化対象物質を過不足なく（つまり反応完結度 z を 1 として）酸化させるために必要な O_2 量と定義される．

空気は N_2 と O_2 の混合気体
燃焼炉中でも N_2 と O_2 は反応しないものとする．

■**例題 2.7** プロパンガスを 100 mol/h の割合で燃焼炉に供給し，70.0%過剰空気によって次式のように完全燃焼させている．次の問いに答えよ．

反応式：$C_3H_8 + 5O_2 \longrightarrow 3CO_2 + 4H_2O$

1. 理論酸素量 [mol/h] はいくらか．
2. 燃焼ガスの組成 [mol%] を求めよ．

□**解** フローシートの一例を図 2.11 に示す．なお，反応完結度に関する記述がない場合には，いずれの反応物質の反応完結度も 1 と見なすことにする．したがって，本例題ではプロパンはすべて燃焼するものと考える．

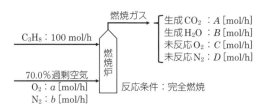

図 2.11 プロパンの燃焼

1. 完全燃焼の反応式より，100 mol/h のプロパンの理論酸素量は，$100 \times 5 = 500$ mol/h となる．
2. この結果を用いて実際に供給した酸素量を求めると，(2.17) 式より，

$$実際に供給した O_2 量\ a = \frac{O_2 の過剰量 [\%]}{100} \times 理論 O_2 量 + 理論 O_2 量$$
$$= \frac{70.0}{100} \times 500 + 500 = 850 \text{ mol/h}$$

であり，空気中の N_2 と O_2 の割合は $N_2 : O_2 = 79 : 21$（物質量基準）とするので，

$$O_2 にともなう空気中の N_2 量\ b = 850 \times \frac{79}{21} = 3198 \text{ mol/h}$$

である．よって燃焼ガス中の成分量 [mol/h] は，反応式に基づき，次のように求められる．

生成 CO_2 量 $A = 3 \times 100 = 300$ mol/h
生成 H_2O 量 $B = 4 \times 100 = 400$ mol/h
未反応 O_2 量 $C = 850 - 5 \times 100 = 350$ mol/h
未反応 N_2 量 $D = 3198$ mol/h

以上より，mol% は表 2.4 のようになる． □

なお燃焼以外の化学反応においても，反応式中の化学量論的比率よりも反応物質が過剰に供給されている場合，その反応物質を**過剰反応物質**（excess reac-

表 2.4

成分	物質量 [mol/h]	mol%
CO_2	300	7.1
H_2O	400	9.4
O_2	350	8.2
N_2	3198	75.3
合計	4248	100.0

tant）と呼び，それ以外を**限定反応物質**（limiting reactant）として区別する．過剰反応物質の過剰量[%]は化学量論的比率を基準として計算される．

■**例題 2.8** エチレンの接触水和によってエタノールを製造する際，この反応におけるエチレンの反応完結度が 0.080（物質量基準）であることから，未反応エチレンをすべてリサイクルするプロセスが用いられている．反応塔に供給されるエチレンと水は塔中で 1 : 0.7（物質量基準）で混合しているものとして，次の値を求めよ．

$$C_2H_4 + H_2O \longrightarrow C_2H_5OH$$

1. 供給原料中のエチレン（フレッシュエチレン）量を 1.00 kmol/h としたときのリサイクルされるエチレン（リサイクルエチレン）量 [kmol/h]．
2. 供給原料の組成（mol%で小数点以下 1 桁まで）．
3. 製品エタノール水溶液の組成（mol%）．

□**解** フローシートの一例を図 2.12 に示す．

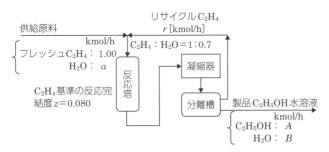

図 2.12 エタノール合成

1. まず反応塔に供給される C_2H_4 は，フレッシュ C_2H_4 とリサイクル C_2H_4 であるから，

（反応塔に供給される C_2H_4 量）$= (1.00 + r)$ [kmol/h]

であり，この中で反応する C_2H_4 量は反応完結度 z の値を用いると，(2.16) 式より，

（反応塔内で反応する C_2H_4 量）$= (1.00 + r)z$ [kmol/h]

であるから，未反応 C_2H_4 量は次式で表される．

（反応塔を去る未反応 C_2H_4 量）
$=$（反応塔に供給される C_2H_4 量）$-$（反応塔内で反応する C_2H_4 量）
$= (1.00 + r) - (1.00 + r)z$
$= (1.00 + r)(1 - z)$ [kmol/h]

この例題では，未反応 C_2H_4 量をすべてリサイクルさせるので，反応塔から出る未反応 C_2H_4 量＝リサイクル C_2H_4 量，つまり，

$$(1.00+r)(1-z)=r$$

よって $z=0.080$ を代入すると，C_2H_4 量のリサイクル量 r は 11.5 kmol/h である．

　以上より，

　（フレッシュ C_2H_4 量）：（リサイクル C_2H_4 量）$=1:11.5$

2. この例題では未反応の H_2O はリサイクルされないので，反応塔に供給される H_2O は供給原料中の H_2O 由来である．一方，反応塔に供給される C_2H_4 量は，$1.00+r=1.00+11.5=12.5$ kmol/h であり，反応塔に供給される C_2H_4 と H_2O の割合は物質量基準で $1:0.7$ であるから，反応塔に供給される H_2O 量 a は，

　　$1:0.7=12.5:a$

　　$\therefore\ a=0.7\times12.5=8.75$ kmol/h

よって，供給原料中の C_2H_4 の組成は次のようである．

$$\frac{1.00}{1.00+8.75}\times100=10.3\ \text{mol\%}$$

3. 反応式より，

　（反応塔内で反応する C_2H_4 量）$=$（反応塔内で生成する C_2H_5OH 量）

であるから，

　反応塔内で生成する C_2H_5OH 量 $A=(1.00+r)z=12.5\times0.080=1.00$ kmol/h

これが製品中の C_2H_5OH 量であり，一方，製品中の未反応 H_2O 量は反応式より，

　（反応塔内で反応する C_2H_4 量）$=$（反応塔内で反応する H_2O 量）

であるから，

　反応塔から出る未反応 H_2O 量 B

　$=$反応塔に供給される H_2O 量$-$反応塔内で反応する H_2O 量

　$=a-(1.00+r)z$

　$=8.75-1.00=7.75$ kmol/h

以上より，製品中の C_2H_5OH 組成が次のように求められる．

$$\frac{1.00}{1.00+7.75}\times100=11.4\ \text{mol\%}\quad\square$$

2.3 エネルギー収支

　エネルギー収支は，**エネルギー保存の法則**（law of the conservation of energy）に基づいて化学プロセスにおけるエネルギーの入量と出量を扱う．エネルギー保存の法則は**熱力学第一法則**（the first law of thermodynamics）で知られており，系の周囲から熱量 Q と仕事 W を与えるとき内部エネルギーに変化が生じ，その変化量は ΔU となる．

　　$\Delta U=Q+W$　　　　　　　　　　　　　　　　　　　　　　　(2.18)

仕事を系の膨張や圧縮によるものと考えると，外圧 p によって系に与える仕事は体積変化 ΔV を用いて次式で表される．

　　$W=-p\Delta V$　　　　　　　　　　　　　　　　　　　　　　　(2.19)

これより，(2.18) 式は次式となる．

　　$dQ=dU+pdV$　　　　　　　　　　　　　　　　　　　　　　(2.20)

(2.20) 式からは，系に dQ の熱を加えることによって，系に内部エネルギーを

蓄えると同時に体積変化という仕事を起こさせることを示している.

圧力一定条件で系に熱量 Q を与えたとき，$H=U+pV$ と定義される**エンタルピー** H（enthalpy）は変化し，その変化量は ΔH で表される.

$$dQ=d(U+pV)=dH \tag{2.21}$$
$$Q=\Delta H \tag{2.22}$$

系に対して定圧条件での回分式プロセスのエネルギー収支は，初めと終わりのエンタルピーを H_1，H_2 とすると次式である.

$$Q=\int_1^2 dH=\Delta H=H_2-H_1 \tag{2.23}$$

連続式プロセスのエネルギー収支は，流入と流出のエンタルピーを H_{in}，H_{out} とすると次式になる.

$$Q=\int_{\text{in}}^{\text{out}} dH=\Delta H=H_{\text{out}}-H_{\text{in}} \tag{2.24}$$

系に加えられた熱エネルギーはエンタルピーの増加に使われることを意味している.

圧力一定の条件で単位質量（または単位物質量）あたりのエンタルピー変化 ΔH は定圧比熱容量 C_p [J/(kg・K)]（または [J/(mol・K)]）を用いて次式で表される.

$$\Delta H=\int C_p dT \tag{2.25}$$

> 定圧比熱容量は次式で定義される.
> $$C_p=\left(\frac{dQ}{dT}\right)_p=\left(\frac{dH}{dT}\right)_p$$

2.3.1 潜熱と顕熱

加熱や冷却は，化学プロセスにおいて重要な操作である．液体が気化するために必要な熱量は，単位質量あたりでは**蒸発熱**（heat of vaporization）または**蒸発エンタルピー**といい，単位物質量（1 mol）あたりでは**モル蒸発熱**または**モル蒸発エンタルピー**という．水を例にすると，標準大気圧下で水を加熱すると次第に温度が上昇し，100℃になると沸騰するが，そのまま加熱を続けても温度は上がらず水がすべて蒸気になるまでは100℃で一定である．すなわち，沸騰開始から蒸発し終わるまでの間に加えた熱量は，温度を上げる効果を持たず，液体から気体になるためだけに使われたことを意味する．このように相変化のみに使われる熱量を一般に**潜熱**（latent heat）といい，液相から気相へ変化するときは**蒸発潜熱**（latent heat of vaporization），固相から液相へ変化するときは**融解熱**（heat of fusion）という．また，気体が凝縮して液体になる場合は，その温度において蒸発潜熱に相当する熱を奪うことになり，これを**凝縮熱**（heat of condensation）という．液体が固体になる場合は凝固熱（heat of solidification）である．

これに対して，相変化を伴わず，温度を上げるだけのために使われる熱を**顕熱**（sensible heat）といい，区別される.

> 単一成分ではそれぞれの潜熱について，蒸発熱＝凝縮熱，融解熱＝凝固熱であり，蒸発と凝縮，融解と凝固では潜熱は等しいが，正反対の現象である.

■**例題 2.9** 圧力一定の条件で，温度 380 K の流体を 100 kmol/h の割合で二重管式熱交換器の内管へ流通し，冷媒により 330 K まで冷却して熱回収を行っている．単位時間あたりに回収される熱量はいくらか．ただし，高温流体の定圧比熱容量は次式で与えられるものとする.

$$C_p=35.54+0.4368\times T \text{ [kJ/(kmol・K)]}$$

□**解** (2.25) 式より，入口温度 $T_1=380$ K，出口温度 $T_2=330$ K，高温流体 1 kmol あたりのエンタルピー変化は，

$$\Delta H = \int_{T_1}^{T_2} C_p dT = \int_{380}^{330} \left\{ 35.54 \times (330-380) + \frac{0.468}{2} \times (330^2 - 380^2) \right\} dT$$
$$= -9.53 \times 10^3 \text{ kJ/kmol}$$

流体 100 kmol/h で回収される熱量は，

$$(-9.53 \times 10^3) \times 100 = -9.53 \times 10^5 \text{ kJ/h}$$

である．　□

■**例題 2.10** 単一蒸発缶を用いて 3.50 wt% の塩化ナトリウム水溶液を 20.0 wt% に濃縮したい．原料の供給は 25 ℃ で 200 kg/h で行い，蒸発缶内は減圧して溶液の沸点を 80 ℃ にする．加熱媒体には 330 kPa の飽和水蒸気を用いるものとして以下の問いに答えよ．ただし，溶液の定圧比熱容量 C_p は純水の値 4.18 kJ/(kg·K)，沸点も純水の値に近似できるものとする．

1. 蒸発水分量および濃縮液量は何 kg か．
2. 加熱用水蒸気量は何 kg か．

□**解**　フローシートを図 2.13 に示す．
計算基準：原料 200 kg（または 1 時間あたり）．
蒸発水分量を V [kg]，濃縮液量を W [kg]，加熱用水蒸気量を V_{steam} [kg] とする．

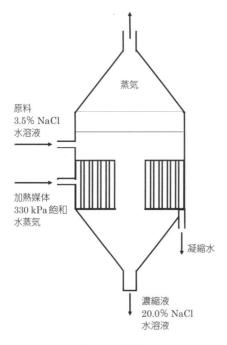

図 2.13　蒸発缶

1. 全物質収支および成分収支は以下のようになる．
   全物質収支：　$200 = V + W$
   成分（NaCl）収支：　$0.035 \times 200 = 0.20 W$

より，

蒸発水分量：　　$V = 165\,\mathrm{kg}$

　　濃縮液量：　　　$W = 35\,\mathrm{kg}$

である.

2. 熱収支は以下のようになる.

　　（原料を 25℃ から 80℃ まで加熱することによる顕熱）

　　　＋（80℃ で水を蒸発させるために必要な潜熱）

　　　＝330 kPa の飽和水蒸気の凝縮によって放出される熱量

　　塩化ナトリウム水溶液の物性は純水の物性に近似するので, 定圧比熱容量 C_p ＝4.18 kJ/(kg·K).

　　80℃（＝353.15 K）の水の蒸発潜熱は付表の水蒸気表により 2308 kJ/kg. 330 kPa の水の蒸発潜熱は水蒸気表により 2154 kJ/kg.

　　上記の熱収支は

　　　$200 \times 4.18 \times (353.15 - 298.15) + 165 \times 2308 = 2154 \times V_{\mathrm{steam}}$

より, $V_{\mathrm{steam}} = 198\,\mathrm{kg}$ である.　□

Chapter 3 流 体 輸 送

3.1 流体の流れ

3.1.1 管径・流速・流量

流体の輸送には，円管を用いる場合が多い．円管の断面図を図3.1に示す．また，配管用鋼管の寸法はJIS（日本工業規格）により定められている．その寸法を表3.1に示す．呼び方にAとBがあるが，Aはmm単位を表し，Bはインチ単位を意味している．例えば3B鋼管は直径が3インチ（3×25.4＝76.2 mm）の管を意味する．

次に，図3.2のように，断面積 S [m^2] の円管内を流体が体積流量 V [m^3/s] で流れているとき，流体の速度は円管内で一定でなく，円管の中心部が最も速

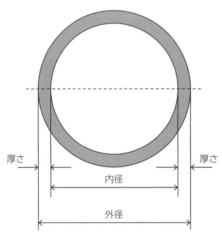

図3.1　円管の断面図

表3.1　配管用炭素鋼鋼管（JIS G 3452）

管の呼び方 A	管の呼び方 B	外径 [mm]	近似内径 [mm]	管の呼び方 A	管の呼び方 B	外径 [mm]	近似内径 [mm]
6	1/8	10.5	6.5	100	4	114.3	105.3
8	1/4	13.8	9.2	125	5	139.8	130.8
10	3/8	17.3	12.7	150	6	165.2	155.2
15	1/2	21.7	16.1	175	7	190.7	180.1
20	3/4	27.2	21.6	200	8	216.3	204.7
25	1	34.0	27.6	225	9	241.8	229.4
32	1 1/4	42.7	35.7	250	10	267.4	254.2
40	1 1/2	48.6	41.6	300	12	318.5	304.7
50	2	60.5	52.9	350	14	355.6	339.8
65	2 1/2	76.3	67.9	400	16	406.4	390.6
80	3	89.1	80.7	450	18	457.2	441.4
90	3 1/2	101.6	93.2	500	20	508.0	492.2

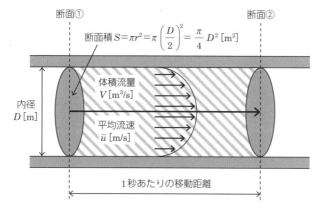

図 3.2 体積流量

く，内壁に近づくにつれて遅くなる．そこで，円管内のどの部分も一定の速度で流れていると仮定した平均流速を用いて計算することが多い．図 3.2 において，流体が断面①から断面②を平均流速 $\bar{u}\,[\mathrm{m/s}]$ の割合で流れているとき，体積流量 $V\,[\mathrm{m^3/s}]$ は次式で与えられる．

$$V = S\bar{u} \tag{3.1}$$

したがって，平均流速 $\bar{u}$ は次のようになる．

$$\bar{u} = \frac{V}{S} \tag{3.2}$$

ここに断面積 $S=(\pi/4)D^2$ であるので，平均流速 $\bar{u}$ は次式で表される

$$\bar{u} = \frac{V}{(\pi/4)D^2} \tag{3.3}$$

3.1.2 流動の物質収支

流体の流れのうち，管のある断面における流速・流量・温度・圧力などが一定に保たれた定常状態の流れを定常流という．いま図 3.3 のように，流路の入口と出口で断面積の異なる円管内を流体が定常流で流れているものとする．単位時間

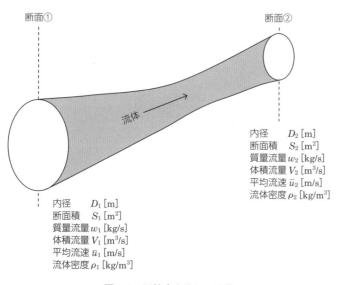

図 3.3 円管内を流れる流体

に流れる流体の質量である質量流量を w [kg/s], 体積流量を V [m³/s], また流体の密度を ρ [kg/m³], さらに円管の内径を D [m], 断面積を S [m²] とする. 流れをめぐる物質収支をとると, 入口①と出口②における質量流量が等しいことから, 次式が成り立つ.

$$w_1 = w_2 \tag{3.4}$$

密度 $\rho = w/V$ [kg/m³] より, (3.4) 式は次のようになる.

$$\rho_1 V_1 = \rho_2 V_2 \tag{3.5}$$

(3.5) 式に (3.1) 式を代入して, 次式が得られる.

$$\rho_1 S_1 \bar{u}_1 = \rho_2 S_2 \bar{u}_2 \tag{3.6}$$

多くの場合, 定常流の範囲では, 気体や液体でも温度や圧力の変化が小さいとき, (3.5), (3.6) 式において $\rho_1 = \rho_2$ であるから, 次式が成り立つ.

$$S_1 \bar{u}_1 = S_2 \bar{u}_2 \tag{3.7}$$

■**例題 3.1** 4B 鋼管に水を 24 m³/h の割合で流すとき, 水の平均流速および質量流量を求めよ.

□**解** 表 3.1 から 4B 鋼管の内径 D [m] は

$D = 105.3 \text{ mm} = 105.3 \times 10^{-3} \text{ m}$

となる. また, 体積流量 V [m³/s] は

$$V = \frac{24}{3600} = 6.7 \times 10^{-3} \text{ m}^3/\text{s}$$

より, 平均流速 $\bar{u}$ [m/s] は

$$\bar{u} = \frac{V}{(\pi/4)D^2} = \frac{6.7 \times 10^{-3}}{(3.14/4)(105.3 \times 10^{-3})^2} = 0.770 \text{ m/s}$$

また, 水の密度 ρ [kg/m³] は

$\rho = 1 \times 10^3 \text{ kg/m}^3$

であるから, 質量流量 w [kg/s] は

$w = \rho V = (1 \times 10^3)(6.7 \times 10^{-3}) = 6.7 \text{ kg/s}$ □

3.1.3 流動のエネルギー収支

図 3.4 に示すようなプロセスを用いて, 流体を水槽①から水槽②まで輸送する. 輸送にはポンプを用い, 高さが z_1 [m] から z_2 [m] に変化し, 流路には熱交

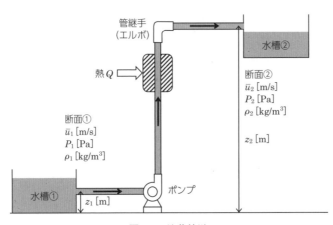

図 3.4 流体輸送

換器が設置されている．単位時間あたり1 kgの流体が定常流で流れているとすると，流体輸送に関するエネルギー収支は，一般に次式で与えられる．

（プロセスの入口で流体が持つエネルギー）
　＝（プロセスによって加えられた仕事および熱）
　　＋（プロセスの出口で流体が持つエネルギー）　　　　　　　　　　　(3.8)

図3.4のプロセスのエネルギー収支式は次式で表される．

$$U_1 + \frac{\bar{u}_1^2}{2} + gz_1 + \frac{P_1}{\rho_1} + W + Q = U_2 + \frac{\bar{u}_2^2}{2} + gz_2 + \frac{P_2}{\rho_2} \tag{3.9}$$

下付きの1，2は入口および出口を表す．また，U, $\bar{u}^2/2$, gz, P/ρ, W, Qはそれぞれ

　U：流体1 kgの内部エネルギー [J/kg]

　$\bar{u}^2/2$：流体1 kgの運動エネルギー [J/kg]

　gz：流体1 kgの位置エネルギー [J/kg]

　P/ρ：流体1 kgの圧力エネルギー [J/kg]

　W：ポンプにより流体1 kgに加えられた仕事 [J/kg]

　Q：熱交換器により流体1 kgに加えられた熱 [J/kg]

を表す．このなかで，圧力エネルギーは，圧力Pの流体を流体1 kgの容積である比容積v [m³/kg]（密度ρ [kg/m³]の逆数）だけ流路に押し込めるのに必要なエネルギーである．ここに仕事は（力）×（距離）で定義され，圧力＝（力）/（面積），容積＝（面積）×（距離）であるから，（圧力）×（容積）＝（力）×（距離）であり，Pvは仕事，すなわちエネルギーである．(3.9)式は，一般に流動の全エネルギー収支式といわれる．

$v = \dfrac{1}{\rho}$
したがって
$Pv = \dfrac{P}{\rho}$
である．

　ところで，この全エネルギー収支式には，流体輸送の際に生じる損失が含まれていない．この損失とは，流体の輸送距離が長かったり，管路の途中に管継手・弁・流量計などがあると，管と流体との摩擦などによって流体の持つエネルギーの損失が生じる．このようなエネルギーの損失を摩擦損失といい，流体1 kgについてΣF [J/kg]で表す．Σを用いて摩擦損失を表すのは，後述するように，摩擦損失の原因が一つでなく複数存在することから，それらの和によって摩擦損失を求めるためである．(3.9)式において，加えられた熱Qと摩擦損失ΣFの和は，熱力学の第一法則より，流体の内部エネルギーの増加と膨張による仕事の和に等しいことから，次式が成り立つ．

$$\Delta U = U_2 - U_1 = (Q + \Sigma F) + W \tag{3.10}$$

ΔUは流体の内部エネルギー変化であり，仕事Wは膨張仕事より$W = -\displaystyle\int_{v_1}^{v_2} P dv$であるから，熱$Q$は次式で表される．

$$Q = (U_2 - U_1) + \int_{v_1}^{v_2} P dv - \Sigma F \tag{3.11}$$

また，$P_2 v_2 - P_1 v_1$は数学的に次のように表すことができる．

$$P_2 v_2 - P_1 v_1 = \int_1^2 (dPv) = \int_{v_1}^{v_2} P dv + \int_{P_1}^{P_2} v dP \tag{3.12}$$

(3.9)式に，(3.11)，(3.12)式を代入すると，次式が得られる．

$$\frac{\bar{u}_1^2}{2} + gz_1 + W = \frac{\bar{u}_2^2}{2} + gz_2 + \int_{P_1}^{P_2} v dP + \Sigma F \tag{3.13}$$

この式を機械的エネルギー収支式という．特に液体などの非圧縮性流体では，一

般に圧縮しても容易に体積が変化することはないので，密度 ρ 一定として

$$\int_{P_1}^{P_2} v dP = v \int_{P_1}^{P_2} dP = \frac{1}{\rho} \int_{P_1}^{P_2} dP = \frac{P_2}{\rho} - \frac{P_1}{\rho} \tag{3.14}$$

であるから，

$$\frac{\bar{u}_1^2}{2} + gz_1 + \frac{P_1}{\rho} + W = \frac{\bar{u}_2^2}{2} + gz_2 + \frac{P_2}{\rho} + \Sigma F \tag{3.15}$$

と表される．

(3.15) 式で，仕事 W と摩擦損失 ΣF を 0 とすると次式となり，これをベルヌーイの式と呼ぶ (Bernoulli's equation).

$$(z_2 - z_1)g + \frac{\bar{u}_2^2 - \bar{u}_1^2}{2}$$
$$+ \frac{1}{\rho}(P_2 - P_1) = 0$$

3.1.4 流れの状態

流体の流れの状態は，図 3.5 のように，流体の各部分が流れの方向に沿って平行に直進する層流と，流れの方向以外にも流体が乱れて動く乱流がある．

流れの状態を規定する無次元項として，レイノルズ数 Re がある．

$$Re = \frac{D \bar{u} \rho}{\mu} \tag{3.16}$$

ここで，D は管の内径 [m]，$\bar{u}$ は平均流速 [m]，ρ は密度 [kg/m³]，μ は粘度 [Pa·s] を示す．

一般に，レイノルズ数が 2100 以下であれば層流，4000 以上（場合によっては 10000 以上）であれば乱流である．レイノルズ数が 2100 と 4000 の領域では流れが不安定で，この領域を遷移域という．

3.1.1 項にて述べたように，流体の速度は円管内で一定でなく，円管の中心部が最も速く，内壁に近づくにつれて遅くなる．層流と乱流の流体の速度分布を図 3.6 に示す．(a) の層流では円管内の平均速度 $\bar{u}$ は管中心部での速度 u_{max} の半分である．

$$\bar{u} = 0.5 \, u_{max} \tag{3.17}$$

乱流のときは，次のようになる．

$$\bar{u} = 0.82 \, u_{max} \tag{3.18}$$

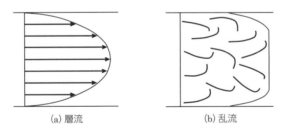

図 3.5　層流と乱流

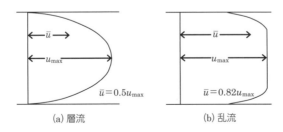

図 3.6　層流と乱流の速度分布

■**例題 3.2** $2\frac{1}{2}$ B 鋼管に 293 K の水を 15 m³/h の割合で流すとき，水の流れは層流か乱流か.

□**解** 表 3.1 から $2\frac{1}{2}$ B 鋼管の内径 D [m] は

$$D=67.9\,\mathrm{mm}=67.9\times10^{-3}\,\mathrm{m}$$

となる．平均流速 $\bar{u}$ [m/s] は

$$\bar{u}=\frac{V}{(\pi/4)D^2}=\frac{15/3600}{(3.14/4)(67.9\times10^{-3})^2}=1.15\,\mathrm{m/s}$$

表 3.2 から 293 K における水の粘度 μ [Pa·s] は

$$\mu=1.005\times10^{-3}\,\mathrm{Pa\cdot s}$$

である．また，水の密度 ρ [kg/m³] は

$$\rho=1\times10^3\,\mathrm{kg/m^3}$$

であるから，レイノルズ数 Re は

$$Re=\frac{D\bar{u}\rho}{\mu}=\frac{(67.9\times10^{-3})(1.15)(1\times10^3)}{1.005\times10^{-3}}$$
$$=7.77\times10^4>4000$$

となる．レイノルズ数 Re が 4000 より大きいので，乱流である．　□

表 3.2 水と空気の 101.3 kPa における粘度 [Pa·s×10³]

温度 [K]	水	空　気	温度 [K]	水	空　気
273	1.792	0.0171	333	0.469	0.0200
283	1.308	0.0176	343	0.406	0.0204
293	1.005	0.0181	353	0.357	0.0209
303	0.801	0.0186	363	0.317	0.0213
313	0.656	0.0190	373	0.284	0.0218
323	0.549	0.0195			

3.2 円管内の摩擦損失

　水平に置かれている円管内を流体が流れているとき，流体と管の内壁との摩擦によるエネルギー損失，すなわち摩擦損失は，(3.19) 式に示すファニングの式 (Fanning equation) により与えられる.

$$F_f=4f\left(\frac{\bar{u}^2}{2}\right)\left(\frac{L}{D}\right) \tag{3.19}$$

ここに F_f は摩擦損失 [J/kg]，$\bar{u}$ は平均流速 [m/s]，L は管長 [m]，D は管の内径 [m] である．また f は摩擦係数と呼ばれる無次元因子であり，管内流体のレイノルズ数 Re と管の表面の状態（滑らかであるか，粗いかでその度合を平滑度という）によって決められる.

　円管内の摩擦により，管の出口では入口より圧力が降下する．これを圧力損失といい，ΔP [Pa] で表される．(3.15) 式において，水平に置かれている円管では $z_1=z_2$ であり，ポンプによる仕事がないので $W=0$，流速が変化しないので $\bar{u}_1=\bar{u}_2$，摩擦損失は $\Sigma F=F_f$ であるので，次式が得られる.

$$\frac{P_1}{\rho}=\frac{P_2}{\rho}+F_f$$
$$\therefore F_f=\frac{P_2-P_1}{\rho}=\frac{\Delta P}{\rho} \tag{3.20}$$

層流の場合，摩擦係数は表面状態によらず，次式で表される．

$$f = \frac{16}{Re} \tag{3.21}$$

レイノルズ数は $Re=D\bar{u}\rho/\mu$ であり，(3.21)，(3.19) 式より，円管内層流における圧力損失を表すハーゲン-ポアズイユの式（Hagen-Poiseuille equation）が得られる．

$$F_f = \frac{\Delta P}{\rho} = \frac{32\mu L \bar{u}}{D^2 \rho} \tag{3.22}$$

流れが乱流のときの摩擦係数は，管内壁の状態により異なる．引抜黄銅管・ガラス管・アクリル管などの平滑管では，次の実験式で計算する．

$$\frac{1}{\sqrt{f}} 4\log(Re\sqrt{f}) - 0.4 \tag{3.23}$$

また，次式に示すブラジウスの式（Blasius equation）を用いて求めることもできる．

$$f = 0.0791 Re^{-1/4} \tag{3.24}$$

鋼管・鋳鉄管・新しい銅管などの粗面管では，次の実験式で計算する．

$$\frac{1}{\sqrt{f}} = 3.2\log(Re\sqrt{f}) + 1.2 \tag{3.25}$$

(3.23)，(3.25) 式は，試行錯誤法でないと f を求めることができない．そこで，実測値に基づいて作成された摩擦係数 f を求めるための f 対 Re の線図を図 3.7 に示す．

流体を輸送する際，管路の途中で図 3.8 に示す管継手や弁などが接続されており，これらによっても摩擦損失が生じる．継手や弁による摩擦損失は，接続した

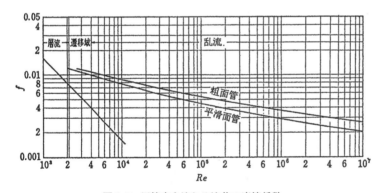

図 3.7 円管内を流れる流体の摩擦係数
［疋田晴夫『改訂新版 化学工学通論 I』(1982，朝倉書店) より］

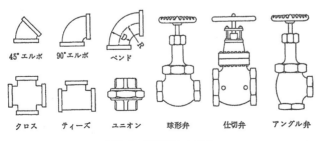

図 3.8 管継手および弁
［疋田晴夫『改訂新版 化学工学通論 I』(1982，朝倉書店) より］

表 3.3 管付属品の n の値 $n = L_e/D$

付属品	n	付属品	n
45° エルボ	15	ティーズ	40〜80
90° エルボ	20〜32	仕切弁 (全開)	7
90° ベンド	10〜24	球形弁 (全開)	300
クロス	50	アングル弁 (全開)	170

ものによって表 3.3 で与えられる係数 n にその際の内径 D を掛け，その分だけ管が長くなったものとして求める．この値を相当長さ L_e という．

$$L_e = nD \tag{3.26}$$

このときの流路全体の摩擦損失 F_f は，(3.19) 式において管の長さ L に相当長さ L_e を加えて求める．

$$F_f = 4f\left(\frac{\bar{u}^2}{2}\right)\left(\frac{L+L_e}{D}\right) \tag{3.27}$$

摩擦損失は，管の断面積が大きく変わる場合にも起こる．細い管（内径 D_1）から太い管（内径 D_2）へ流体が流れるとき，摩擦係数 F_c は次のようになる．

$$F_c = \frac{(\bar{u}_1 - \bar{u}_2)^2}{2} \tag{3.28}$$

太い管（内径 D_1）から細い管（内径 D_2）へ流体が流れるときは，次のようになる．

$$F_c = \frac{K\bar{u}_2^2}{2} \tag{3.29}$$

K は円管の断面積の比（S_2/S_1）の関数である．近似的に次式で表される．

$$K = \frac{1-(S_2/S_1)}{2} \tag{3.30}$$

■例題 3.3　$2\frac{1}{2}$ B 鋼管に 293 K の水を 15 m³/h の割合で水平に 1 km 流すときの円管内の摩擦損失および圧力損失を求めよ．

□解　例題 3.2 から

$D = 67.9 \times 10^{-3}$ m, $\bar{u} = 1.15$ m/s, $\mu = 1.005 \times 10^{-3}$ Pa·s, $\rho = 1 \times 10^3$ kg/m³,
$Re = 7.77 \times 10^4$, $L = 1$ km $= 1 \times 10^3$ m

である．

レイノルズ数 Re から摩擦係数 f を図 3.7 より求める．鋼管は粗面管であることから，f を読み取ると

$f = 0.0056$

が得られる．ファニングの式 (3.19) より摩擦損失 F_f [J/kg] は

$$F_f = 4f\left(\frac{\bar{u}^2}{2}\right)\left(\frac{L}{D}\right) = 4\,(0.0056)\left(\frac{1.15^2}{2}\right)\left(\frac{1 \times 10^3}{67.9 \times 10^{-3}}\right)$$
$$= 218.14 \text{ J/kg}$$

となる．(3.20) 式より圧力損失 ΔP [Pa] は

$$\Delta P = \rho F_f = (1 \times 10^3)(218.14) = 2.181 \times 10^5 \text{ Pa}$$

となる．　□

35

3.3 流体輸送に必要な動力

単位時間に消費されるエネルギーを動力という．流体を一定の流速で輸送する際に理論的に必要な動力 [J/s] は，輸送するための仕事 W [J/kg] に質量流量 w [kg/s] を掛けたものである．これを理論所要動力という．

しかし，ポンプとモーターで供給される動力の一部は，摩擦などによって損失する．流体を一定の速度で輸送するためには，理論所要動力にその損失分を加える必要がある．これを W_p [J/s] とすると，ポンプとモーターで供給される動力で有効に使われる割合を総合効率 η といい，(3.31) 式で与えられる．

$$\eta = \frac{wW}{W_p} \tag{3.31}$$

これより，W_p は次式で表される．

$$W_p = \frac{wW}{\eta} \tag{3.32}$$

■**例題 3.4** 図 3.9 のように下の水槽の液面から 50 m の高さまで，3B 鋼管で 293 K の水を汲み上げたい．水の流量は 1 m³/min で，管路の曲がりなどを含めた相当長さは 200 m である．両水槽とも容積は大きく，水面はそれぞれ一定と見なすことができる．ポンプ，モーターの総合効率を 60% とした場合，水の輸送に必要な動力はいくらか．

□**解** 下の水槽の水面を①，上の水槽の水面を②とすると

$$\bar{u}_1 = \bar{u}_2, \quad P_1 = P_2$$

となるので，(3.15) 式の機械的エネルギー収支式より

$$W = g(z_2 - z_1) + \Sigma F$$

今回の場合，摩擦損失 ΣF は，入口での損失，円管内での損失，および出口での損失からなる．これらの摩擦損失はそれぞれ (3.19)，(3.28)，(3.29) 式により求められる．条件より

$$L = 200 \text{ m}, \quad z_2 - z_1 = 50 \text{ m}, \quad V = 1/60 = 0.017 \text{ m}^3/\text{s}, \quad \eta = 0.60$$

また，表 3.1 と表 3.2 などから

$$D = 80.7 \text{ mm} = 80.7 \times 10^{-3} \text{ m}, \quad \mu = 1.005 \times 10^{-3} \text{ Pa·s},$$
$$\rho = 1 \times 10^3 \text{ kg/m}^3, \quad g = 9.81 \text{ m/s}^2$$

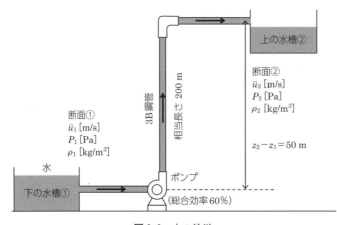

図 3.9 水の輸送

平均流速 $\bar{u}$ [m/s] は

$$\bar{u} = \frac{V}{(\pi/4)D^2} = \frac{0.017}{(3.14/4)(80.7 \times 10^{-3})^2} = 3.32\,\mathrm{m/s}$$

である．入口での摩擦損失 F_{ci} は，（3.30）式において断面積の比 S_2/S_1 は $S_2 \ll S_1$ より $S_2/S_1 \approx 0$ である．ゆえに $K=1/2$ であるから

$$F_{ci} = \frac{K\bar{u}^2}{2} = \frac{(1/2)(3.32)^2}{2} = 2.76\,\mathrm{J/kg}$$

出口での摩擦損失 F_{co} は，（3.28）式より，また $\bar{u}_2 \approx 0$ と見なせるので，

$$F_{co} = \frac{(\bar{u} - \bar{u}_2)^2}{2} = \frac{\bar{u}^2}{2} = \frac{(3.32)^2}{2} = 5.51\,\mathrm{J/kg}$$

円管内での摩擦損失 F_f は，例題3.3と同様な解き方で求められる．レイノルズ数 Re は

$$Re = \frac{D\bar{u}\rho}{\mu} = \frac{(80.7 \times 10^{-3})(3.32)(1 \times 10^3)}{1.005 \times 10^{-3}}$$
$$= 2.66 \times 10^5 > 4000$$

となる．レイノルズ数 Re が4000より大きいので，乱流である．レイノルズ数 Re から摩擦係数 f を図3.7より求める．鋼管は粗面管であることから，f を読み取ると

$$f = 0.0045$$

が得られる．ファニングの式（3.19）より摩擦損失 F_f [J/kg] は

$$F_f = 4f\left(\frac{\bar{u}^2}{2}\right)\left(\frac{L}{D}\right) = 4(0.0045)\left(\frac{3.32^2}{2}\right)\left(\frac{200}{80.7 \times 10^{-3}}\right)$$
$$= 246\,\mathrm{J/kg}$$

全体の摩擦損失 ΣF は

$$\Sigma F = F_{ci} + F_f + F_{co} = 2.76 + 246 + 5.51 = 254\,\mathrm{J/kg}$$

したがって，仕事 W は

$$W = g(z_2 - z_1) + \Sigma F = (9.81)(50) + 254 = 744\,\mathrm{J/kg}$$

水の質量流量 w は（3.5）式より

$$w = \rho V = (1 \times 10^3)(0.017) = 17\,\mathrm{kg/s}$$

ポンプ，モーターの総合効率 $\eta = 0.60$ であるから，（3.32）式より

$$W_p = \frac{wW}{\eta} = \frac{(17)(744)}{0.60} = 2.11 \times 10^4\,\mathrm{J/s}$$

となる． □

■**例題 3.5**　例題3.4と同じ方法で，下の水槽の液面から75 m の高さまで，3B鋼管で293 K の水を汲み上げたい．水の流量は1.2 m³/min で，管路の長さは100 m である．また，管路の途中に45°エルボ5個，玉形弁3個を使用している．ポンプ，モーターの総合効率を70%とした場合，水の輸送に必要な動力はいくらか．

□**解**　例題3.4と同様に仕事 W は

$$W = g(z_2 - z_1) + \Sigma F$$

で求められる．この問題における相当長さ L_e は，（3.26）式より $L_e = nD$ で求めることができる．ここで n は表3.3の値を用いる．

45°エルボ5個の相当長さ L_e は

$$L_e = 5 \times (15)(80.7 \times 10^{-3}) = 6.05 \text{ m}$$

玉形弁3個の相当長さ L_e は

$$L_e = 3 \times (300)(80.7 \times 10^{-3}) = 72.6 \text{ m}$$

となる．流路全体の相当長さ $L + L_e$ は

$$L + L_e = 100 + 6.05 + 72.6 = 178.6 \text{ m}$$

となる．

次に，入口での摩擦損失 F_{ci}，出口での摩擦損失 F_{co}，円管内での摩擦損失 F_f を求める．条件より

$$z_2 - z_1 = 75 \text{ m}, \quad V = 1.2/60 = 0.02 \text{ m}^3/\text{s}, \quad \eta = 0.70$$

また，表3.1と表3.2などから

$$D = 80.7 \text{ mm} = 80.7 \times 10^{-3} \text{ m}, \quad \mu = 1.005 \times 10^{-3} \text{ Pa·s},$$
$$\rho = 1 \times 10^3 \text{ kg/m}^3, \quad g = 9.81 \text{ m/s}^2$$

平均流速 $\bar{u}$ [m/s] は

$$\bar{u} = \frac{V}{(\pi/4)D^2} = \frac{0.02}{(3.14/4)(80.7 \times 10^{-3})^2} = 3.91 \text{ m/s}$$

である．入口での摩擦損失 F_{ci} は，（3.30）式において例題3.4と同様に $S_2/S_1 = 0$，$K = 1/2$ であるから

$$F_{ci} = \frac{K \bar{u}^2}{2} = \frac{(1/2)(3.91)^2}{2} = 3.82 \text{ J/kg}$$

出口での摩擦損失 F_{co} は，（3.28）式より，また例題3.4と同様に $\bar{u}_2 \approx 0$ より

$$F_{co} = \frac{(\bar{u} - \bar{u}_2)^2}{2} = \frac{\bar{u}^2}{2} = \frac{(3.91)^2}{2} = 7.64 \text{ J/kg}$$

レイノルズ数 Re は

$$Re = \frac{D \bar{u} \rho}{\mu} = \frac{(80.7 \times 10^{-3})(3.91)(1 \times 10^3)}{1.005 \times 10^{-3}}$$
$$= 3.14 \times 10^5 > 4000$$

となる．レイノルズ数 Re が4000より大きいので，乱流である．レイノルズ数 Re から摩擦係数 f を図3.7より読み取ると

$$f = 0.0044$$

が得られる．ファニングの式（3.19）より摩擦損失 F_f [J/kg] は

$$F_f = 4f \left(\frac{\bar{u}^2}{2} \right) \left(\frac{L + L_e}{D} \right) = 4(0.0044) \left(\frac{3.91^2}{2} \right) \left(\frac{178.6}{80.7 \times 10^{-3}} \right)$$
$$= 298 \text{ J/kg}$$

全体の摩擦損失 ΣF は

$$\Sigma F = F_{ci} + F_f + F_{co} = 3.82 + 298 + 7.64 = 309 \text{ J/kg}$$

したがって，仕事 W は

$$W = g(z_2 - z_1) + \Sigma F = (9.81)(75) + 309 = 1045 \text{ J/kg}$$

水の質量流量 w は（3.5）式より

$$w = \rho V = (1 \times 10^3)(0.02) = 20 \text{ kg/s}$$

ポンプ，モーターの総合効率 $\eta = 0.70$ であるから，（3.32）式より

$$W_p = \frac{wW}{\eta} = \frac{(20)(1045)}{0.70} = 2.98 \times 10^4 \text{ J/s}$$

となる． □

3.4 流量測定

化学プロセスを運転・制御するとき，装置に送られる流体の流量を計測し，所定の値に保つよう管理することが重要であることから，いろいろな流量計が用いられている．ここでは，代表的な流量計であるオリフィス計，ピトー管について説明する．

3.4.1 オリフィス計

図 3.10 に示すように，管路の途中にオリフィスと呼ばれる穴のあいた板を置き，その前後の差圧を測定して次式から体積流量 $V\,[\mathrm{m^3/s}]$ を求めるものである．

$$V = \frac{CS_O}{\sqrt{1-m^2}}\sqrt{2g\frac{\rho_M-\rho}{\rho}H} \tag{3.33}$$

$$m = \frac{S_O}{S} = \left(\frac{D_O}{D}\right)^2 \tag{3.34}$$

ここで，V は体積流量 $[\mathrm{m^3/s}]$，g は重力加速度 $[\mathrm{m/s^2}]$，ρ は流体の密度 $[\mathrm{kg/m^3}]$，ρ_M はマノメータ封液の密度 $[\mathrm{kg/m^3}]$，H はマノメータの読み $[\mathrm{m}]$，C は流量係数である．また m はオリフィス孔の面積と管の断面積との比を表し，開孔比と呼ばれる．S_O, D_O の「O」はオリフィス孔径部における値を示す．

C は m とレイノルズ数によって決まる関数である．図 3.11 に実験的に得られた流量係数の例を示す．オリフィス孔でのレイノルズ数が 3×10^4 以上の場合，C の値は近似的に 0.61 となる．

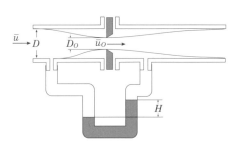

図 3.10 オリフィス計

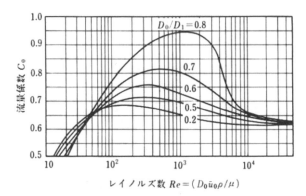

図 3.11 オリフィス計の流量係数 C
[竹内 雍他『解説 化学工学 改訂版』(培風館, 2001) より]

3.4.2 ピトー管

図 3.12 に示すピトー管を流れに向かって平行に置くと，マノメータの読みからその位置における流速 u [m/s] を求めることができる．

$$u = \sqrt{2g\frac{\rho_M - \rho}{\rho}H} \qquad (3.35)$$

ここで，g は重力加速度 [m/s^2]，ρ は流体の密度 [kg/m^3]，ρ_M はマノメータ封液の密度 [kg/m^3]，H はマノメータの読み [m] である．位置を少しずつ変えて，速度分布を測定することもできる．

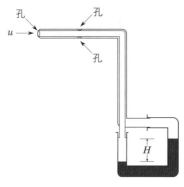

図 3.12　ピトー管

また，管路の中心での最大流速 u_{max} を測定し，層流か乱流かに応じて (3.17)，(3.18) 式から平均流速 $\bar{u}$ を求め，(3.3) 式を用いることで流量 V を計算することもできる．

■**例題 3.6**　3B 鋼管に 303 K の水を流すときに，流量 0.12 m^3/min で四塩化炭素（比重 1.594）を用いた差圧マノメータの読みが 100 mm となるオリフィスを作りたい．オリフィスの孔径をいくらにしたらよいか．

□**解**　オリフィス計での (3.33)，(3.34) 式を用いて解く．まず，オリフィス孔におけるレイノルズ数を 3×10^4 以上と仮定して，流量係数 C を 0.61 で一定と考える．これより，(3.33) 式は m の方程式となり，m の値が求まる．そして，(3.34) 式よりオリフィス孔径 D_o を求める．その後，オリフィス孔におけるレイノルズ数を計算して，3×10^4 以上であることを確認する．

(3.33) 式を変形して

$$\frac{S_o}{\sqrt{1-m^2}} = \frac{V}{C\sqrt{2g\{(\rho_M - \rho)/\rho\}H}}$$

$S_o = mS = m(\pi/4)D^2$ であるから，

$$\frac{m}{\sqrt{1-m^2}} = \frac{V}{(\pi/4)D^2 C\sqrt{2g\{(\rho_M - \rho)/\rho\}H}}$$

両辺を 2 乗して

$$\frac{m^2}{1-m^2} = a$$

$$a = \frac{V^2}{(\pi/4)^2 D^4 C^2 \cdot 2g\{(\rho_M - \rho)/\rho\}H}$$

条件より，また，表 3.1，3.2 などから，

$D = 80.7$ mm $= 80.7 \times 10^{-3}$ m, $\mu = 0.801 \times 10^{-3}$ Pa·s,

$\rho = 1 \times 10^3$ kg/m^3, $\rho_M = 1.594 \times 10^3$ kg/m^3,

$V = 0.12/60 = 2 \times 10^{-3}$ m^3/s,

$H = 100 \times 10^{-3}$ m, $g = 9.81$ m/s^2

オリフィス孔におけるレイノルズ数を 3×10^4 以上と仮定して，

　$C = 0.61$

とすると，

$$a = \frac{(2 \times 10^{-3})^2}{(3.14/4)^2 (80.7 \times 10^{-3})^4 (0.61)^2 (2)(9.81)\{(1.594 \times 10^3 - 1 \times 10^3)/1 \times 10^3\}(100 \times 10^{-3})}$$

$$= 0.353$$

$$\frac{m^2}{1-m^2} = a$$

を m について変形すると,

$$m = \sqrt{\frac{a}{1+a}} = \sqrt{\frac{0.353}{1+0.353}} = 0.511$$

(3.34) 式より

$$D_O = \sqrt{m}\, D = \sqrt{0.511} \times 80.7 \times 10^{-3} = 5.77 \times 10^{-2}\,\text{m}$$

確認のため,レイノルズ数 Re_O を計算する.まず,オリフィス孔における平均流速 $\bar{u}_O$ は,

$$\bar{u}_O = \frac{V}{(\pi/4)D_O^2} = \frac{2 \times 10^{-3}}{(3.14/4)(5.77 \times 10^{-2})^2} = 0.765\,\text{m/s}$$

したがって,

$$Re_O = \frac{D_O \bar{u}_O \rho}{\mu}$$

$$= \frac{(5.77 \times 10^{-2})(0.765)(1 \times 10^3)}{0.801 \times 10^{-3}} = 5.52 \times 10^4 > 3 \times 10^4$$

$Re_O > 3 \times 10^4$ となり,仮定は正しいので,オリフィス孔径は $5.77 \times 10^{-2}\,\text{m}$ となる.　□

■**例題 3.7**　3B 鋼管に 303 K の水を流している.ピトー管の管路の中心において水銀差圧マノメータの差を読んだところ,50 mm であった.流量はいくらか.なお,水銀の比重は 13.6 とする.

□**解**　ピトー管での (3.35) 式を用いて,最大速度 $u_{\max}$ を求める.次に,流れを乱流と仮定して,(3.18) 式より平均流速 $\bar{u}$ を求め,流量 V を計算する.そして,レイノルズ数を計算して,乱流であることを確認する.

条件より,また,表 3.1,3.2 などから,

$D = 80.7\,\text{mm} = 80.7 \times 10^{-3}\,\text{m}$, $\mu = 0.801 \times 10^{-3}\,\text{Pa·s}$,

$\rho = 1 \times 10^3\,\text{kg/m}^3$, $\rho_M = 13.6 \times 10^3\,\text{kg/m}^3$,

$H = 50 \times 10^{-3}\,\text{m}$, $g = 9.81\,\text{m/s}^2$

(3.35) 式に代入して,

$$u_{\max} = \sqrt{2g\frac{\rho_M - \rho}{\rho}H}$$

$$= \sqrt{(2)(9.81)\frac{13.6 \times 10^3 - 1 \times 10^3}{1 \times 10^3}(50 \times 10^{-3})}$$

$$= 3.52\,\text{m/s}$$

流れを乱流と仮定して,(3.18) 式より平均流速 $\bar{u}$ を求めると,

$$\bar{u} = 0.82\,u_{\max} = (0.82)(3.52) = 2.89\,\text{m/s}$$

流量 V は (3.3) 式より,

$$V = \frac{\pi}{4}D^2\bar{u} = \frac{3.14}{4}(80.7 \times 10^{-3})^2 \times 2.89 = 1.48 \times 10^{-2}\,\text{m}^3/\text{s}$$

確認のため,レイノルズ数を計算すると,

$$Re = \frac{D\bar{u}\rho}{\mu}$$

$$= \frac{(80.7 \times 10^{-3})(2.89)(1 \times 10^{3})}{0.801 \times 10^{-3}} = 2.91 \times 10^{5} > 4000$$

$Re > 4000$ となり，仮定は正しいので，流量は 1.48×10^{-2} m³/s となる． □

熱 移 動 操 作

化学プロセスでは，原料となる流体の加熱や冷却，蒸発や凝縮など熱移動を利用したプロセス設計が行われており，常に反応の効率化やプロセスの最適化を目指した生産技術の開発が行われている．このように，熱移動操作は重要な単位操作の一つとなっている．

熱は，温度の差が生じれば必ず移動が起こるエネルギーであり，これを**熱移動**（heat transfer）または**伝熱**という．熱移動の形態（種類）としては，**伝導伝熱**（heat conduction），**対流伝熱**（heat convection）および**放射伝熱**（heat radiation）の3種類に大別される．伝導伝熱は，固体・金属など固体層内の熱移動である．対流伝熱は，気体・液体など流体内における熱移動であり，対流が流体の密度差によって自然に起こる自然対流伝熱と，攪拌機やポンプなどを用いて対流を強制的に引き起こす強制対流伝熱がある．実際の化学プロセスにおいては，コスト面を考慮すると，反応を目的の温度条件で効率よく行い製品を出荷する必要があることから，強制対流伝熱は重要となる．また，放射伝熱は高温物体（一般的には500℃以上）から放射される熱線（主として赤外線）が媒体を介せず空間を通して直接低温物体表面に伝わる伝熱効果であり，太陽熱やストーブなどが該当する．

本章では，プロセスの実用化にむけて重要となる熱移動操作の基礎として，伝導伝熱，対流伝熱および放射伝熱の原理について解説する．

4.1 伝 導 伝 熱

4.1.1 フーリエの法則

固体層内で熱が移動するには，高温側の原子の振動するエネルギーが隣接する原子に伝わり，順次繰り返すことで熱エネルギーが低温側へと移動していく．この現象は，静止している液体内でも起こり得る．また，金属では自由電子が移動する．

固体層内を熱が移動する伝導伝熱では，固体層内の各部の温度が一定であり時間経過しても変化しない定常状態が保たれている定常熱伝導について考える．単位時間に移動する熱（熱量）は q [J/s]（[W]）で示され，時間の経過に対して変化せず一定となる．単位時間に移動する熱 q を**伝熱速度**（heat flux）という．定常状態における伝熱速度は，伝熱面積 A [m²] と温度勾配に比例することが知られており，この関係は次式で示される．

q：伝熱速度 [J/s]
k：熱伝導度 [J/(s·m·K)]
A：伝熱面積 [m²]
T：温度 [K]
x：熱移動の距離 [m]

$$q = -kA\left(\frac{dT}{dx}\right) \tag{4.1}$$

式中の T は温度 [K]，x は熱移動が起こる距離 [m] であり，dT/dx が温度勾配を示す．また，(4.1) 式で負号（マイナス）は熱の移動方向に対して温度が降下することを示している．(4.1) 式において k は比例定数で**熱伝導度**（thermal

表 4.1 金属および非金属材料の熱伝導度

金属材料			非金属材料		
物質	温度 [℃]	k [J/(s·m·K)]	物質	温度 [℃]	k [J/(s·m·K)]
亜鉛	20	113	アスベスト	−130	0.074
アルミニウム	20	204	アスベスト	0	0.154
アルミニウム	100	206	アスベスト	20	0.15
アルミニウム	300	230	アスベスト	300	0.216
金	20	295	紙	20	0.13
銀	20	418	ガラス綿	20	0.039
チタン	20	17	ガラス綿	200	0.07
純鉄	20	67	絹	−130	0.033
鋳鉄	20	48	絹	0	0.046
鉛	20	35	絹	100	0.06
炭素鋼（0.5 C 以下）	20	53	氷	0	2.2
炭素鋼（1.5 C 以下）	20	36	コルク板	−130	0.02
クロム鋼（1 Cr）	20	60	コルク板	20	0.036
クロム鋼（10 Cr）	20	31	羊毛	30	0.036
ニッケル鋼（10 Ni）	20	26	赤レンガ	200	0.55〜1.1
ニッケル鋼（50 Ni）	20	14	シャモットレンガ	200	0.39〜0.58
純銅	20	386	シャモットレンガ	1000	1〜1.6
純銅	100	377	キャスタブル耐火材	1000	1.05
純銅	300	366	キャスタブル保温材	400	0.27〜0.36
銅（普通品）	20	372	プラスチック耐火材	1000	1.06
真鍮	20	60	人絹	20	0.05
白金	0	70	スラッグ絹	30	0.04
モリブデン	20	159	セメントモルタル	30	0.55
モリブデン	20	159	皮革	20	0.16

conductivity）［J/(s·m·K)］と呼ばれる．一定の温度勾配に対して熱伝導度 k が大きければ伝熱速度 q は速くなることから，熱伝導度は対象とした物質の熱の伝わりやすさを表している．表 4.1 に各種物質の熱伝導度を示す．一般に，熱伝導度は固体，液体，気体の順で小さくなり，金属などは，工業的には主に熱交換器などに用いられていることから，予熱器，反応器および冷却器熱などの装置設計に際しては装置材質の熱伝導度の把握が重要になる．また，ウレタンやガラス綿などは金属と逆で熱伝導度が小さいことから熱エネルギーの放出を防ぐ意味で断熱材などに用いられている．

4.1.2 平板状固体層における熱伝導

本項では，伝導伝熱について図 4.1 に示すような平板状の固体層を例にとり解説する．なお，伝熱面積は一定とする．

図 4.1 より，固体層を介して低温側の面温度を T_1，高温側の表面温度を T_2 とし，その温度差を $\Delta T = T_1 - T_2$ とする．固体層の厚さを x，熱伝導度を k_{av}（温度 T_1 および T_2 の算術平均）として，(4.1) 式を積分すると (4.2) 式になる．

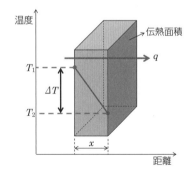

図 4.1 平板状固体層における伝導伝熱

q：伝熱速度 [J/s]
k：熱伝導度 [J/(s·m·K)]
A：伝熱面積 [m²]
T：温度 [K]
$\Delta T = T_1 - T_2$
x：熱移動の距離 [m]

$$q = k_{av} A \frac{\Delta T}{x} \quad (4.2)$$

(4.2) 式を書き換えると (4.3) 式になる．なお，これ以降，k_{av} を k と略記する．

$$q = \frac{\Delta T}{x/(kA)} \tag{4.3}$$

(4.3) 式において，ΔT は熱 q の推進力を示し，$x/(kA)$ は伝熱抵抗を示す．つまり，熱の推進力と伝熱抵抗の比によって伝熱速度が決まることから，一定の推進力に対して伝熱抵抗が大きい場合，熱の移動が妨げられることになるため伝熱速度が遅くなる．

■**例題 4.1** 縦 1.00 m × 横 50.0 cm × 厚さ 10.0 mm の銅平板（$k=398$ J/(s·m·K)），炭素鋼平板（$k=53.0$ J/(s·m·K)），ベークライト平板（$k=0.233$ J/(s·m·K)）の両面がそれぞれ 323.15 K と 373.15 K に保たれているとき，各平板を通過する熱量をそれぞれ求めよ．

□**解** まず，固体層は銅平板，炭素鋼平板およびベークライト平板の 3 種類あり，それぞれの熱伝導度は $k_1=398$ J/(s·m·K)，$k_2=53.0$ J/(s·m·K)，$k_3=0.233$ J/(s·m·K) である．固体層の伝熱面積，熱移動の距離，熱の推進力について整理すると図 4.2 のようになる．

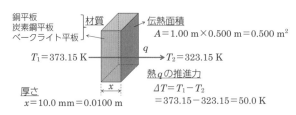

図 4.2 固体層の各パラメータ（例題 4.1）

整理した情報をもとに，(4.3) 式を用いて各固体層を用いたときの単位時間に移動する熱量を求める．

(4.3) 式より， $q = \dfrac{\Delta T}{x/(kA)}$

銅平板　　　　　：$q = \dfrac{50}{\{0.01/(398 \times 0.5)\}} = 995000 = 9.95 \times 10^5$ J/s

炭素鋼平板　　　：$q = \dfrac{50}{\{0.01/(53.0 \times 0.5)\}} = 132500 = 1.33 \times 10^5$ J/s

ベークライト平板：$q = \dfrac{50}{\{0.01/(0.233 \times 0.5)\}} = 582.5 = 583$ J/s　□

以上のように，熱伝導度が小さくなると熱量が小さくなり，伝熱速度が遅くなることが確認できる．

4.1.3 多重平板状固体層における熱伝導

次に，図 4.3 に示すような数種類の平板状固体層が重なっている場合の熱伝導について解説する．

定常状態においては，単位時間に各層を通過する熱量は等しいことから (4.3) 式を用いると，伝熱面積は等しいため次式が成り立つ．

$$q = \frac{T_1 - T_2}{x_1/(k_1 A)} = \frac{T_2 - T_3}{x_2/(k_2 A)} = \frac{T_3 - T_4}{x_3/(k_3 A)} \tag{4.4}$$

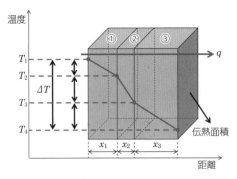

図4.3 多重平板状固体層における熱伝導

(4.4)式を各層について熱の推進力を基準に書き直すと次式となる.

$$T_1 - T_2 = q\left(\frac{x_1}{k_1 A}\right)$$
$$T_2 - T_3 = q\left(\frac{x_2}{k_2 A}\right) \tag{4.5}$$
$$T_3 - T_4 = q\left(\frac{x_3}{k_3 A}\right)$$

各層の温度を整理すると次式となる.

$$T_1 - T_4 = q\left(\frac{x_1}{k_1 A} + \frac{x_2}{k_2 A} + \frac{x_3}{k_3 A}\right) \tag{4.6}$$

したがって，単位時間に移動する熱量 q は次式により求めることができる.

$$q = \frac{\Delta T}{x_1/(k_1 A) + x_2/(k_2 A) + x_3/(k_3 A)} \tag{4.7}$$

(4.7)式では $\Delta T = T_1 - T_4$ であり，多重平板状固体層における熱 q の推進力となる．(4.7)式は，一般に熱 q の推進力 ΔT を重なっている数種の固体層 i の伝熱抵抗の和 $\sum\{x/(kA)\}$ で割ることから次式で示される．

$$q = \frac{\Delta T}{\sum\{x_i/(k_i A)\}} \tag{4.8}$$

■**例題 4.2** 厚さ40.0 cmの耐火レンガ（$k=0.12\,\text{J}/(\text{s}\cdot\text{m}\cdot\text{K})$），厚さ5 cmの断熱レンガ（$k=0.03\,\text{J}/(\text{s}\cdot\text{m}\cdot\text{K})$）よりなる平面壁がある．耐火レンガの表面温度が1100 K，断熱レンガの表面温度が310 Kであるとき，単位時間に移動する熱を求めよ．また，2つのレンガの接触面の温度を求めよ．ただし，伝熱面積は3 m²である．

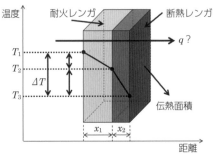

図4.4 耐火レンガと断熱レンガからなる平面壁（例題4.2）

□**解** 初期条件を整理する．

$T_1 = 1100$ K, $T_3 = 310$ K, $\Delta T = T_1 - T_3 = 1100 - 310 = 790$ K
$x_1 = 40.0$ cm $= 0.400$ m, $k_1 = 0.120$ J/(s·m·K)
$x_2 = 5.00$ cm $= 0.0500$ m, $k_2 = 0.0300$ J/(s·m·K)
$A = 3.00$ m^2

単位時間に各層を通過する熱量とレンガの接触面温度はそれぞれ (4.8), (4.5) 式から求められる. (4.8) 式より,

$q = \Delta T / \sum \{x_i/(k_i A)\} = \Delta T / \{x_1/(k_1 A) + x_2/(k_2 A)\}$
$= 790/\{0.400/(0.120 \times 3.00) + 0.0500/(0.0300 \times 3.00)\} = 474$ J/s

また (4.5) 式の $T_1 - T_2 = q\{x_1/(k_1 A)\}$ より

$T_2 = T_1 - q\{x_1/(k_1 A)\} = 1100 - 474\{0.400/(0.120 \times 3.00)\} = 573$ K □

4.1.4 円筒状固体層における熱伝導

一般に，化学プラントでは，原料・製品の輸送や，熱交換は，配管を用いて行っている．このとき，配管内での熱伝導の把握が重要になる．

本項では，図 4.5 に示すような配管などの円筒状固体層における熱伝導について解説する．

図 4.5 より，流体が通過し接液する表面温度を T_1，円筒外側の表面温度を T_2，流体が通過する円筒の半径を r_1，円筒外側の半径を r_2，円筒の長さを L とする．ここで，熱の推進力は $\Delta T = T_1 - T_2$，円筒の厚さは $x = r_2 - r_1$，平板状と異なり円筒状の固体層では，熱の移動方向が一定ではないことから伝熱面積 A が変化する．そのため，流体が通過する内表面積 $A_1 = 2\pi r_1 L$ と円筒外側の外表面積 $A_2 = 2\pi r_2 L$ から次式により対数平均面積 A_{lm} を用いる．

$$A_{lm} = \frac{A_2 - A_1}{\ln(A_2/A_1)} \tag{4.9}$$

そして，円筒状固体層において単位時間に移動する熱量 q は，(4.9) 式で求めた対数平均面積を用いて次式により求めることができる．

$$q = \frac{\Delta T}{x_i/(k_i A_{lm})} \tag{4.10}$$

r_1：内半径 [m]
r_2：外半径 [m]
L：管長 [m]

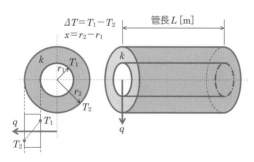

図 4.5 円筒状固体層における熱伝導

■**例題 4.3** 直径 100 mm，厚さ 10.0 mm のガラス管内 ($k = 0.76$ J/(s·m·K)) を高温水が流れている．ガラス管の内壁温度が 370 K であり，ガラス管表面温度は 290 K であるとき，管長 1 m あたり，ガラス管表面から単位時間あたりに放出される熱量を求めよ．

□**解** まず，初期条件を整理する．

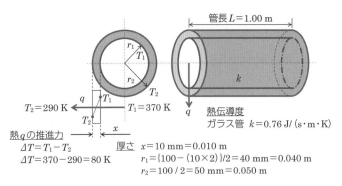

図 4.6 円筒状固体層の各パラメータ（例題 4.3）

次に，伝熱面積を求める．円筒状の場合は対数平均面積 A_{lm} を用いるので，

内表面積 A_1： $A_1 = 2\pi r_1 L = 2\pi \times 0.040 \times 1 = 0.2513 = 0.251 \text{ m}^2$

外表面積 A_2： $A_2 = 2\pi r_2 L = 2\pi \times 0.050 \times 1 = 0.3141 = 0.314 \text{ m}^2$

（4.9）式より，$A_{lm} = \dfrac{A_2 - A_1}{\ln(A_2/A_1)}$

$A_{lm} = \dfrac{0.314 - 0.251}{\ln(0.314/0.251)} = 0.2813 = 0.281 \text{ m}^2$

最後に，（4.10）式を用いて単位時間に移動する熱量 q を求める．

（4.10）式より，$q = \dfrac{\Delta T}{x_i/(k_i A_{lm})}$

$q = \dfrac{80}{\{0.01/(0.76 \times 0.281)\}} = 1708.48 = 1.71 \times 10^3 \text{ J/s}$ □

以上のように，円筒状の配管を用いて流体を輸送するときに放出される熱エネルギーを簡単に求めることができる．実際の化学プラントでは，放熱により熱エネルギーが失われるのを防ぐために，輸送で使用している配管に断熱材などを施している．そのとき，断熱材の表面温度を知るためには多重円筒状固体層における熱伝導の原理の把握が重要となる．

4.1.5 多重円筒状固体層における熱伝導

図 4.7 に示すように，円筒状固体層が何層にも重なっているとき，流体が通過し接液する表面温度を T_1，円筒が重なる箇所の温度を T_2，円筒外側の表面温度を T_3，流体が通過する円筒の半径を r_1，円筒が重なる箇所の半径を r_2，円筒外側の半径を r_3，円筒の長さを L とする．ここで，熱の推進力 $\Delta T = T_1 - T_3$ と，流体と接液する円筒の厚さ $x_1 = r_2 - r_1$，外側の円筒の厚さ $x_2 = r_3 - r_2$，各部の表面積は $A_1 = 2\pi r_1 L$，$A_2 = 2\pi r_2 L$，$A_3 = 2\pi r_3 L$ となる．

ここで，固体層 1 および固体層 2 の対数平均面積 A_{lm} は次の 2 式で求めることができる．

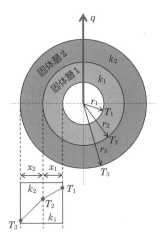

図 4.7 多重円筒状固体層における熱伝導

$$A_{1lm} = \frac{A_2 - A_1}{\ln(A_2/A_1)} \tag{4.11}$$

$$A_{2lm} = \frac{A_3 - A_2}{\ln(A_3/A_2)} \tag{4.12}$$

平板状固体層のときと同様に定常状態においては，単位時間に各層を通過する熱量は等しいことから次式が成り立つ．

$$q = \frac{T_1 - T_2}{x_1/(k_1 A_{1lm})} = \frac{T_2 - T_3}{x_2/(k_2 A_{2lm})} \tag{4.13}$$

(4.13) 式を各層について熱の推進力を基準に書き直すと次式となる．

$$T_1 - T_2 = q\left(\frac{x_1}{k_1 A_{1lm}}\right), \quad T_2 - T_3 = q\left(\frac{x_2}{k_2 A_{2lm}}\right) \tag{4.14}$$

各層の温度を整理すると次式となる．

$$T_1 - T_3 = q\left(\frac{x_1}{k_1 A_{1lm}} + \frac{x_2}{k_2 A_{2lm}}\right) \tag{4.15}$$

したがって，単位時間に移動する熱量 q は次式により求めることができる．

$$q = \frac{\Delta T}{x_1/(k_1 A_{1lm}) + x_2/(k_2 A_{2lm})} \tag{4.16}$$

熱 q の推進力 ΔT を重なっている数種の円筒状固体層 i の伝熱抵抗の和 $\sum\{x_i/(k_i A_{ilm})\}$ で割ることにより，単位時間に移動する熱量 q を求めることができ，(4.16) 式は次式で示される．

$$q = \frac{\Delta T}{\sum\{x_i/(k_i A_{ilm})\}} \tag{4.17}$$

■**例題 4.4** 内径 10.0 cm，厚さ 15.0 mm の鋼管（$k = 2.00$ J/(s·m·K)）の外側を厚さ 4.50 cm の断熱材（$k = 0.03$ J/(s·m·K)）で保温している．鋼管の内壁温度が 725 K，断熱材の表面温度が 350 K であるとき，管長 1.50 m あたりの熱損失を求めよ．

□**解** まず，図 4.7 を参考にして初期条件を整理する．

$T_1 = 725$ K，$T_3 = 350$ K，　　　　　$r_1 = 100/2 = 50$ mm $= 0.05$ m

$\Delta T = T_1 - T_3 = 725 - 350 = 375$ K，$r_2 = 0.05$ m $+ 0.015$ m $= 0.065$ m

$k_1 = 2.00$ J/(s·m·K)，　　　　　　　$r_3 = 0.065$ m $+ 0.0450$ m $= 0.110$ m

$k_2 = 0.03$ J/(s·m·K)，　　　　　　　$x_1 = 15.0$ mm $= 0.0150$ m

　　　　　　　　　　　　　　　　　　$x_2 = 45.0$ mm $= 0.0450$ m

次に，各部の表面積を求め，対数平均面積 A_{lm} を求める．

$A_1 = 2\pi r_1 L = 2 \times 3.14 \times 0.05 \times 1.5 = 0.471$

$A_2 = 2\pi r_2 L = 2 \times 3.14 \times 0.065 \times 1.5 = 0.613$

$A_3 = 2\pi r_3 L = 2 \times 3.14 \times 0.110 \times 1.5 = 1.04$

(4.11) 式より，$A_{1lm} = \dfrac{A_2 - A_1}{\ln(A_2/A_1)}$

$$A_{1lm} = \frac{A_2 - A_1}{\ln(A_2/A_1)} = \frac{0.613 - 0.471}{\ln(0.613/0.471)} = 0.539 \text{ m}^2$$

(4.12) 式より，$A_{2lm} = \dfrac{A_3 - A_2}{\ln(A_3/A_2)}$

$$A_{2lm} = \frac{A_3 - A_2}{\ln(A_3/A_2)} = \frac{1.04 - 0.613}{\ln(1.04/0.613)} = 0.806 \text{ m}^2$$

最後に（4.17）式を用いて単位時間に移動する熱量 q を求める．

（4.17）式より，$q = \dfrac{\Delta T}{x_1/(k_1 A_{1lm}) + x_2/(k_2 A_{2lm})}$

$q = \dfrac{375}{\{0.0150/(2.00 \times 0.539)\} + \{0.0450/(0.03 \times 0.806)\}} \approx 200 \text{ J/s} \quad \square$

4.2　対流伝熱

4.2.1　熱貫流と熱伝達

工業的には，熱交換器などのように固体層を隔てた流体間における熱移動において対流伝熱が利用されている．これは，蒸気や冷却水と原料間，あるいは原料同士間でのエネルギーのやり取り（熱交換）を行い，エネルギーの効率的な利用を目指している．そのためには，化学プロセスや熱プロセスの設計を行うだけにとどまらず，環境・エネルギー問題を理解・解決するために熱エネルギーの移動（熱交換）について正しく理解する必要がある．

対流伝熱は，はじめにも述べたが気体や液体による伝熱であり，自然対流伝熱と強制対流伝熱に大別され，固体層を通過する熱移動は前節で述べた熱伝導であるのに対し，固体層を隔てた流体間の熱移動を**熱貫流**（heat transmission），固体層表面から流体への熱移動を**熱伝達**（heat transfer）とそれぞれ呼ぶ．

図 4.8 に示すようにビーカーに水を入れ撹拌機により撹拌しながら，ガスバーナーによって加熱する．このとき，ガスバーナーの炎を流体1，ビーカー内の水を流体2，ビーカーの底を平板状固体層としてその伝熱面積を A とし，バーナーの炎の温度を T_1，水の温度を T_2 とする．それぞれが一定に保たれており，定常状態にあるとすると温度差 ΔT を推進力として流体1から平板状固体層を通過して流体2へ熱貫流が起こる．つまり，熱貫流は流体を通しての熱伝達と固体層を通しての熱伝導より成り立っていることが分かる．

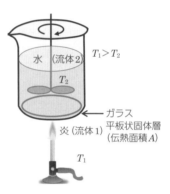

図 4.8　熱貫流の概略図

次に，固体層を介しての熱移動における固体層表面に注目する．

図 4.9 に示すように，流体と固体層表面の接液面，正確には固体層表面に近い部分には，極薄い層流域として境膜が存在する．この部分では，壁表面で流体の移動速度を 0 とし境膜が固体層表面に付着しているような状態の領域になり，温度はほぼ直線的に変化する．実際には，図 4.9 の曲線のように温度変化が起こるが，熱伝達が起こると温度変化を取り扱いやすくなるため，破線部分の温度変化を用いる．

$h = \dfrac{k}{\delta}$

h：境膜伝熱係数 $[\text{J}/(\text{s} \cdot \text{m}^2 \cdot \text{K})]$

k：境膜の熱伝導度 $[\text{J}/(\text{s} \cdot \text{m} \cdot \text{K})]$

δ：境膜の厚さ $[\text{m}]$

熱伝達により移動する熱は推進力としての温度差および伝熱面積に比例することから，単位時間に移動する熱 q は伝熱面積を用いて次式で表される．

$$q = h_1 A (T_1 - T_{w1})$$
$$q = h_2 A (T_{w2} - T_2) \tag{4.18}$$

（4.18）式において h_1 および h_2 を流体1および流体2の境膜伝熱係数という．

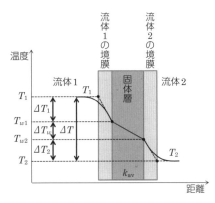

図4.9 固体層表面における熱移動

また，多重平板状固体層における熱移動の推進力と伝熱抵抗のかたちで表すと(4.18)式は次式で示される．

$$q = \frac{T_1 - T_{w1}}{1/(h_1 A)} \tag{4.19}$$

$$q = \frac{T_{w2} - T_2}{1/(h_2 A)} \tag{4.20}$$

ここで，各流体に囲まれた固体層における熱移動は熱伝導であるから次式で示される．

$$q = \frac{T_{w1} - T_{w2}}{x/(kA)} \tag{4.21}$$

次に，(4.19)式，(4.20)式および(4.21)式を温度差について解くと，

$$\begin{aligned} T_1 - T_{w1} &= q\left(\frac{1}{h_1 A}\right) \\ T_{w1} - T_{w2} &= q\left(\frac{x}{kA}\right) \\ T_{w2} - T_2 &= q\left(\frac{1}{h_2 A}\right) \end{aligned} \tag{4.22}$$

となり，整理すると次式となる．

$$T_1 - T_2 = q\left(\frac{1}{h_1 A} + \frac{x}{kA} + \frac{1}{h_2 A}\right) \tag{4.23}$$

(4.23)式より，固体層を介した流体間における熱貫流により単位時間に移動する熱量 q は，次式により求めることができる．

$$q = AU\Delta T \text{ [J/s]} \tag{4.24}$$

式中の $\Delta T = T_1 - T_2$ であり，U は総括伝熱係数 [J/(s·m²·K)] と呼ばれ，次式により求める．

$$U = \frac{1}{\left(\frac{1}{h_1} + \frac{x}{k} + \frac{1}{h_2}\right)} \tag{4.25}$$

境膜伝熱係数は，総括伝熱係数や熱交換に必要な伝熱面積を求めることができることから，熱交換器の設計において重要な情報となる．そのため，(4.18)式を用いて各種の系について測定が行われている．例を表4.2に示す．

表4.2 境膜伝熱係数の概略値

流体(単一相)		凝縮蒸気		沸騰液体	
物質	h [J/(s·m²·K)]	物質	h [J/(s·m²·K)]	物質	h [J/(s·m²·K)]
水	1700〜12000	水蒸気	6000〜17000	水	4600〜12000
ガス	20〜30	有機溶剤	900〜2900	有機溶剤	600〜1700
有機溶剤	350〜3000	軽油	1200〜2300	アンモニア	1200〜2300
油	60〜700	重油(減圧)	120〜300	軽油	900〜1700
		アンモニア	3000〜6000	重油	60〜300

4.2.2 熱交換器のモデル

本項では，実際に工業的に使用されている二重管式熱交換器の理論的な取扱いについて，4.2.1項の内容をもとにまずは熱交換器の断面である平板状固体層を介して熱交換を行う簡単なモデルを使い，熱交換器の熱収支，平均温度差および伝熱速度について解説する．

まず，図4.10に熱交換器の簡単なモデル図を示す．厚さ x [m] の固体層を介して高温流体と低温流体を並流で流すとき，高温流体については入口温度 T_1 [K]，出口温度 T_2 [K]，質量流量 W [kg/s]，比熱容量 C [J/(kg·s)] とし，低温流体については入口温度 t_1 [K]，出口温度 t_2 [K]，質量流量 w [kg/s]，比熱容量 c [J/(kg·s)] とする．また，固体層については熱伝導度 k，伝熱面積 A，長さ L および幅 y とし，高温流体から低温流体へ単位時間に移動する熱量について考える．

高温流体の温度を T_1 [K] から T_2 [K] まで温度 t_1 [K] の低温流体により冷却する．このとき，単位時間に高温流体が失った熱と低温流体が得た熱は熱貫流により移動した熱量 q であるから，熱収支式は次式により表される．

$$q \text{ [J/s]} = WC(T_1 - T_2) = wc(t_2 - t_1) \tag{4.26}$$

(4.26) 式を用いることで，熱交換のための熱量 q および4つの出入口の温度のうち3つが既知であれば残り1か所の温度を求めることができる．

熱交換器では，図4.10で示すように高温流体と低温流体を流す方向として並流と向流が考えられる．図4.11は並流および向流のときの熱交換器内の高温流体と低温流体の温度変化を示したものである．

図4.11より，熱移動の推進力である高温流体と低温流体の温度差 ΔT は，並

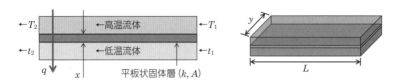

図4.10 熱交換器のモデル

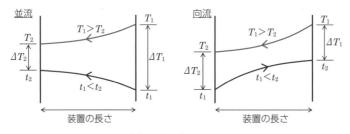

図4.11 熱交換器内の各流体の温度変化

流および向流ともに熱交換器の位置によって異なることが分かる. したがって, 熱の推進力は熱交換器全体における平均温度差として考え, 次式により求めた対数平均温度差を推進力として扱う.

$$\Delta T_{lm} = \frac{\Delta T_1 - \Delta T_2}{\ln(\Delta T_1 / \Delta T_2)} \tag{4.27}$$

（4.27）式は, 図4.11に示すように熱交換器の入口における高温流体および低温流体の温度差を ΔT_1, 出口における高温流体および低温流体の温度差を ΔT_2 とし, 対数平均温度差を求める.

図4.10より熱交換器で単位時間に移動する熱量 q は, 伝熱面積 A, 総括伝熱係数および対数平均温度差を用いて次式により求める. なお, 総括伝熱係数は, 高温流体および低温流体の境膜伝熱係数と固体層の熱伝導度より（4.25）式より求める.

$$q = A U \Delta T_{lm} \tag{4.28}$$

また, 熱交換器の長さは次式により求まる.

$$A = yL \tag{4.29}$$

■**例題 4.5** 平板状固体層（厚さ8.00 mm）を通して高温油を水で冷却している. 高温油の境膜伝熱係数が $300\,\mathrm{J/(s \cdot m^2 \cdot K)}$, 水の境膜伝熱係数が $1800\,\mathrm{J/(s \cdot m^2 \cdot K)}$ であるとき, 熱貫流における総括伝熱係数を求めよ. ただし, 固体層はステンレス鋼で, 熱伝導度は $30.0\,\mathrm{J/(s \cdot m \cdot K)}$ である.

□**解** まず初期条件を整理する.

高温油： $h_1 = 300\,\mathrm{J/(s \cdot m^2 \cdot K)}$

水： $h_2 = 1800\,\mathrm{J/(s \cdot m^2 \cdot K)}$

固体層： $k = 30\,\mathrm{J/(s \cdot m \cdot K)}$

$x = 8.00\,\mathrm{mm} = 0.008\,\mathrm{m}$

（4.25）式より, $U = \dfrac{1}{\left(\dfrac{1}{h_1} + \dfrac{x}{k} + \dfrac{1}{h_2}\right)}$

$U = \dfrac{1}{(1/300) + (0.008/30) + (1/1800)} = 240.64$

$= 241\,\mathrm{J/(s \cdot m^2 \cdot K)}$ □

■**例題 4.6** 平板状固体層（幅1.00 m, 厚さ5.00 mm, $k = 30.0\,\mathrm{J/(s \cdot m \cdot K)}$）を通して高温油と冷却水が流れており, 高温油（$C = 3.60\,\mathrm{kJ/(kg \cdot K)}$）を2500 kg/h の割合で流して350 K から320 K まで冷却したい. 冷却には入口温度が300 K の水（$c = 4.20\,\mathrm{kJ/(kg \cdot K)}$）を6500 kg/h の割合で流す. 並流および向流のとき, 熱交換に必要な平板状固体層の長さ L を求めよ. ただし, 高温油および水の境膜伝熱係数はそれぞれ450 および $600\,\mathrm{J/(s \cdot m^2 \cdot K)}$ とする.

□**解** まず初期条件を整理すると図4.12になる.

高温油：

$T_1 = 350\,\mathrm{K}, \quad W = 2500\,\mathrm{kg/h} = 0.694\,\mathrm{kg/s}$

$T_2 = 320\,\mathrm{K}, \quad C = 3.6\,\mathrm{kJ/(kg \cdot K)} = 3600\,\mathrm{J/(kg \cdot K)}$

水：

$t_1 = 300\,\mathrm{K}, \quad w = 6500\,\mathrm{kg/h} = 1.806\,\mathrm{kg/s}$

$t_2 = ???\,\mathrm{K}, \quad c = 4.2\,\mathrm{kJ/(kg \cdot K)} = 4200\,\mathrm{J/(kg \cdot K)}$

53

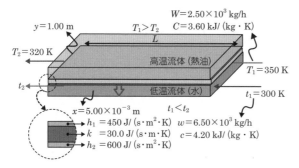

図4.12　平板状固体層の各パラメータ（例題4.6）

$h_1 = 450$ J/(s·m²·K)
$h_2 = 600$ J/(s·m²·K)
$k = 30$ J/(s·m·K)
$x = 5.00$ mm $= 0.005$ m
$y = 1.00$ m

1. (4.25)式および(4.26)式より単位時間に移動する熱量，低温流体の出口温度および総括伝熱係数を求める．

(4.26)式より，q [J/s] $= WC(T_1 - T_2) = wc(t_2 - t_1)$
$q = 0.694 \times 3600 \times (350 - 320) = 74952$
$74952 = 1.806 \times 4200 \times (t_2 - 300)$
$t_2 = 309.88 ≒ 310$ K

(4.25)式より，$U = \dfrac{1}{(1/h_1) + (x/k) + (1/h_2)}$

$U = \dfrac{1}{(1/450) + (0.005/30) + (1/600)} = 246.57$
$= 247$ J/(s·m²·K)

2. (4.27)式，(4.28)式および(4.29)式を用いて対数平均温度差，並流および向流時における熱交換器の長さを求める．

［並流の場合］

(4.27)式より，$\Delta T_{lm} = \dfrac{\Delta T_1 - \Delta T_2}{\ln(\Delta T_1/\Delta T_2)}$

$\Delta T_1 = 350 - 300 = 50$ K
$\Delta T_2 = 320 - 310 = 10$ K

$\Delta T_{lm} = \dfrac{50 - 10}{\ln(50/10)} = 24.85 ≒ 24.9$ K

(4.28)式より，$q = AU\Delta T_{lm}$，$74952 = A \times 247 \times 24.9$
$A = 74952/(247 \times 24.9)$
$= 12.13 ≒ 12.1$ m²

(4.29)式より，$A = yL$，$12.1 = 1.00 \times L$
$L = 12.1$ m

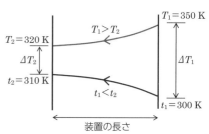

図4.13　並流の場合

［向流の場合］

(4.27)式より，$\Delta T_{lm} = \dfrac{\Delta T_1 - \Delta T_2}{\ln(\Delta T_1/\Delta T_2)}$

$\Delta T_1 = 350 - 310 = 40$ K
$\Delta T_2 = 320 - 300 = 20$ K

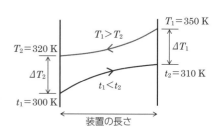

図4.14　向流の場合

$$\varDelta T_{lm} = \frac{40-20}{\ln(40/20)} = 28.85 = 28.9 \text{ K}$$

(4.28) 式より，$q = AU\varDelta T_{lm}$, $74952 = A \times 248 \times 28.9$

$A = 74952/(248 \times 28.9)$
$= 10.45 = 10.5 \text{ m}^2$

(4.29) 式より，$A = yL$, $10.5 = 1.00 \times L$

$L = 10.5 \text{ m}$ □

以上のように，高温流体と低温流体を向流で流したとき，熱交換器の長さが短くなることが分かる．

4.2.3 二重管式熱交換器

本項では，図4.15に示す二重管式熱交換器により，高温流体の温度を入口温度 T_1 [K] から出口温度 T_2 [K] まで入口温度 t_1 [K] の低温流体により冷却する場合を例として考える．

4.2.2項と同様に高温流体については入口温度 T_1 [K]，出口温度 T_2 [K]，質量流量 W [kg/s]，比熱容量 C [J/(kg·s)] とし，低温流体については入口温度 t_1 [K]，出口温度 t_2 [K]，質量流量 w [kg/s]，比熱容量 c [J/(kg·s)] とする．このとき，単位時間に移動した熱量 q はあるから熱収支式は次式により表される．

$$q \text{ [J/s]} = WC(T_1 - T_2) = wc(t_2 - t_1) \qquad (4.26)$$

次に，伝熱面積について考える．二重管式熱交換器の断面図を図4.16に示す．円筒状固体層のときと同様に，二重管式熱交換器では，熱の移動方向により伝熱面積が変化するため，内管の内径 D_i [m] に基づく伝熱面積を A_i [m²]，内管の外径 D_o [m] に基づく伝熱面積を A_o [m²]，また，内管の平均径 D_{av} (D_i と D_o の対数平均）に基づく伝熱面積を A_{av} [m²] でそれぞれ表すと次式になる．

内径： $A_i = \pi D_i L$
外径： $A_o = \pi D_o L$ (4.30)
平均： $A_{av} = \pi D_{av} L$

熱交換器に使用される配管はJISにより規格が決まっていることから，配管の内径が決まれば自動的に外径が決まることになるので伝熱面積は（4.30）式のうち1つを用いればよいことになる．

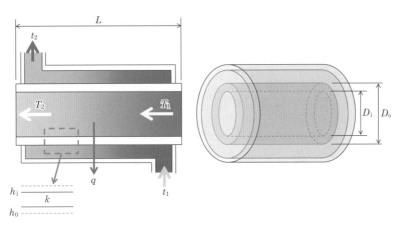

図4.15 二重管式熱交換器の概略図

平均伝熱面積および平均管径は次の2式により求める．

$$A_{av} = \frac{A_o - A_i}{\ln(A_o/A_i)} \quad (4.31)$$

$$D_{av} = \frac{D_o - D_i}{\ln(D_o/D_i)} \quad (4.32)$$

次に，高温・低温流体の対数平均温度差を ΔT_{lm} とし，A_i, A_o, A_{av} 基準の総括伝熱係数を U_i, U_o, U_{av} とすると，単位時間に移動する熱量 q は次式で与えられる．

$$q = A_i U_i \Delta T_{lm} = A_o U_o \Delta T_{lm} = A_{av} U_{av} \Delta T_{lm} \quad (4.33)$$

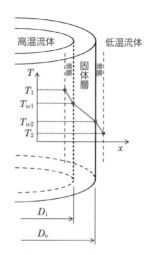

図 4.16 二重管式熱交換器の断面図

ここで，図 4.16 に示すように，多重平板状固体層における熱移動の推進力と伝熱抵抗は，高温流体と低温流体の境膜伝熱係数，および固体層の熱伝導度を用いて，次式で示される．

高温流体の境膜： $\quad q = \dfrac{T_1 - T_{w1}}{1/(h_i A_i)} \quad (4.34)$

低温流体の境膜： $\quad q = \dfrac{T_{w2} - T_2}{1/(h_o A_o)} \quad (4.35)$

固体層： $\quad q = \dfrac{T_{w1} - T_{w2}}{x/(k A_{av})} \quad (4.36)$

次に，(4.34) 式，(4.35) 式および (4.36) 式を温度差について解くと，

$$\begin{aligned} T_1 - T_{w1} &= q\left(\frac{1}{h_i A_i}\right) \\ T_{w2} - T_2 &= q\left(\frac{1}{h_o A_o}\right) \\ T_{w1} - T_{w2} &= q\left(\frac{x}{k A_{av}}\right) \end{aligned} \quad (4.37)$$

となり，整理すると次式となる．

$$T_1 - T_2 = q\left(\frac{1}{h_i A_i} + \frac{x}{k A_{av}} + \frac{1}{h_o A_o}\right) \quad (4.38)$$

ここで，内面積を基準とすると (4.38) 式は次式となり，

$$T_1 - T_2 = q \frac{1}{A_i}\left\{\frac{1}{h_i} + \frac{x}{k(A_{av}/A_i)} + \frac{1}{h_o(A_o/A_i)}\right\} \quad (4.39)$$

(4.39) 式における各所の伝熱面積を管径に書き直すと次式となる．

$$T_1 - T_2 = q \frac{1}{A_i}\left\{\frac{1}{h_i} + \frac{x}{k(D_{av}/D_i)} + \frac{1}{h_o(D_o/D_i)}\right\} \quad (4.40)$$

(4.40) 式より，単位時間に移動する熱量 q，伝熱面積 A_i および熱交換器の長さ L は次式により与えられる．

$$q = A_i U_i \Delta T_{lm}, \quad A_i = \frac{q}{U_i \Delta T_{lm}}, \quad L = \frac{A_i}{\pi D_i} \quad (4.41)$$

なお，式中の $\Delta T = T_1 - T_2$ であり，対数平均温度差 ΔT_{lm} は (4.42) 式，円管の内面積基準の総括伝熱係数 U_i [J/(s·m²·K)] は (4.43) 式により求める．(4.43) 式中の h_i および h_o は高温流体および低温流体の境膜伝熱係数である．

$$\Delta T_{lm} = \frac{\Delta T_1 - \Delta T_2}{\ln(\Delta T_1 / \Delta T_2)} \tag{4.42}$$

$$U_i = \cfrac{1}{\left(\cfrac{1}{h_i}\right) + \left(\cfrac{x}{k}\right)\left(\cfrac{D_i}{D_{av}}\right) + \left(\cfrac{1}{h_o}\right)\left(\cfrac{D_i}{D_o}\right)} \tag{4.43}$$

一方，外面積基準の総括伝熱係数は，(4.38) 式において外面積を基準とすると次式になり，

$$T_1 - T_2 = q\frac{1}{A_o}\left\{\frac{1}{h_i(A_i/A_o)} + \frac{x}{k(A_{av}/A_o)} + \frac{1}{h_o}\right\} \tag{4.44}$$

(4.44) 式における各所の伝熱面積を管径に書き直すと次式となる．

$$T_1 - T_2 = q\frac{1}{A_o}\left\{\frac{1}{h_i(D_i/D_o)} + \frac{x}{k(D_{av}/D_o)} + \frac{1}{h_o}\right\} \tag{4.45}$$

よって，円管の外面積基準の総括伝熱係数 U_o は次式で示される．

$$U_o = \cfrac{1}{\left(\cfrac{1}{h_i}\right)\left(\cfrac{D_o}{D_i}\right) + \left(\cfrac{x}{k}\right)\left(\cfrac{D_o}{D_{av}}\right) + \left(\cfrac{1}{h_o}\right)} \tag{4.46}$$

対流伝熱による熱交換器を用いて効率よく冷却などを行うとき，総括伝熱係数が高ければ熱交換効率を向上させることができ，短時間で熱交換を行うことができる．また，マイクロリアクターのように単位体積あたりの表面積を大きく設定することができれば，昇温や冷却の効率を向上させることができる．熱交換の過程においては，①高温流体から固体層表面への対流伝熱，②固体層内の伝導伝熱，③固体層表面から低温流体への対流伝熱という3つの伝熱過程があり，各過程で抵抗を受ける．総括伝熱係数と伝熱面積の和を総括伝熱抵抗といい，①から③により構成される部分抵抗のうち最大となるものの影響を受けることから，各抵抗を同程度かつそれぞれの抵抗を小さく設定することが熱交換効率の向上にむけて重要となる．

■**例題 4.7** 二重管熱交換器の内管（外径 45.0 mm，厚さ 5.00 mm，$k=40.0$ J/(s·m·K)）に水（$C=4.20$ kJ/(kg·K)）を 500 kg/h の割合で流し，360 K から 300 K まで冷却する．冷却には入口温度 250 K の冷媒（$c=3.80$ kJ/(kg·K)）を用い，水と向流に流して 260 K で出る．水側および冷媒側の境膜伝熱係数を 500 および 800 J/(s·m²·K) として，熱交換器の所要長さを求めよ．

□**解** まず，初期条件を整理すると図 4.17 のようになる．

1. (4.26) 式および (4.32) 式より単位時間に移動する熱量，質量流量および平均管径を求める．

(4.26) 式より，q [J/s] $= WC(T_1 - T_2) = wc(t_2 - t_1)$

$q = 0.139 \times 4200 \times (360 - 300) = 35028 = 3.50 \times 10^4$ J/s

$35028 = w \times 3800 \times (260 - 250)$

$w = 0.9217 = 0.922$ kg/s

(4.32) 式より，$D_{av} = \dfrac{D_o - D_i}{\ln(D_o/D_i)}$

$D_{av} = \dfrac{0.045 - 0.035}{\ln(0.045/0.035)} = 0.0398 = 3.98 \times 10^{-2}$ m

2. (4.43) 式より内面積基準により総括伝熱係数を求める．

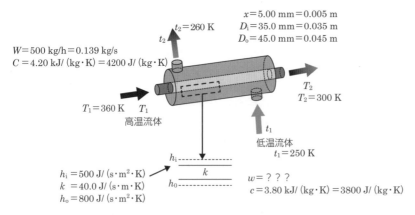

図 4.17 二重管熱交換器の各パラメータ（例題 4.7）

(4.43) 式より，$U_i = \dfrac{1}{\left(\dfrac{1}{h_i}\right) + \left(\dfrac{x}{k}\right)\left(\dfrac{D_i}{D_{av}}\right) + \left(\dfrac{1}{h_o}\right)\left(\dfrac{D_i}{D_o}\right)}$

$U_i = \dfrac{1}{\left(\dfrac{1}{500}\right) + \left(\dfrac{0.005}{40}\right)\left(\dfrac{0.035}{0.0398}\right) + \left(\dfrac{1}{800}\right)\left(\dfrac{0.035}{0.045}\right)}$

　　$= 324.18 \approx 324 \ \mathrm{J/(s \cdot m^2 \cdot K)}$

3. (4.41) 式および (4.42) 式を用いて向流時における熱交換器の長さを求める．

対数平均温度差：

(4.42) 式より，$\Delta T_{lm} = \dfrac{\Delta T_1 - \Delta T_2}{\ln(\Delta T_1/\Delta T_2)}$

　　$\Delta T_1 = 360 - 260 = 100 \ \mathrm{K}$

　　$\Delta T_2 = 300 - 250 = 50 \ \mathrm{K}$

　　$\Delta T_{lm} = \dfrac{100 - 50}{\ln(100/50)} = 72.1 \ \mathrm{K}$

伝熱面積：

(4.41) 式より，$A_i = \dfrac{q}{U_i \Delta T_{lm}}$

　　$A_i = \dfrac{35028}{324 \times 72.1} = 1.499 \approx 1.50 \ \mathrm{m^2}$

管長：

(4.41) 式より，$L = \dfrac{A_i}{\pi D_i}$

　　$L = \dfrac{1.499}{\pi \times 0.035} = 13.63 \approx 13.6 \ \mathrm{m}$ □

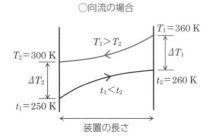

図 4.18　向流の場合における装置（熱交換器）の長さ

4.3 放射伝熱

4.3.1 熱放射線

高温物体から放射される熱線が空間を通して直接低温物体表面に伝わる伝熱効果が放射伝熱である．すべての物体は，表面からその温度によって定まった強さの熱放射線を放射している．本節で扱う放射伝熱で実質的に重要性を持つ波長はおよそ $0.2 \sim 50\,\mu m$ であり，大部分が赤外線の領域（$0.78 \sim 400\,\mu m$）に属している．図 4.19 に物体表面での熱放射線の原理図を示す．図 4.19 より，物体表面に入射した熱放射線の

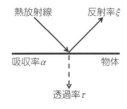

図 4.19 物体表面における熱放射線

一部は表面で反射し，残りは物体に吸収されるか物質内部を透過していくのが分かる．ここで，入射したエネルギーに対して反射・透過・吸収したエネルギーの割合をそれぞれ反射率 ξ，透過率 τ，吸収率 α とすると次式の関係が成り立つ．

$$\xi + \alpha + \tau = 1 \tag{4.47}$$

このとき，温度 $T\,[\mathrm{K}]$，固体の表面積 $A\,[\mathrm{m}^2]$ から単位時間に放射される熱 $q_r\,[\mathrm{J/s}]$ は次式で示される．

$$q_r = \sigma A \xi T^4 \tag{4.48}$$

（4.48）式において，σ はステファン-ボルツマン定数（$5.67 \times 10^{-8}\,\mathrm{J/(s \cdot m^2 \cdot K^4)}$），$\xi$ は固体面の熱放射率とそれぞれ呼ばれ，固体の種類，表面の状態および温度などにより変化していく．実在の固体は $\xi < 1$ である．また，$\xi = 1$ である場合は理想的な物体であり黒体と呼ばれる．一方，ξ が温度によって変化しない物体を灰色体と呼ぶ．

4.3.2 2物体間における放射伝熱

表面温度 T_1 および T_2 の実在する2物体の面 A_1 および A_2 が相対しているときを例とする．図 4.20 に示すように，面 A_1 から放射される熱 q_{r1} および面 A_2 から放射される熱 q_{r2} の差は，面 A_1 と面 A_2 に伝わる正味の伝熱量 $q_全$ であり，このときの2物体が完全な透過体の場合，伝熱量 $q_全$ は次式で示される．

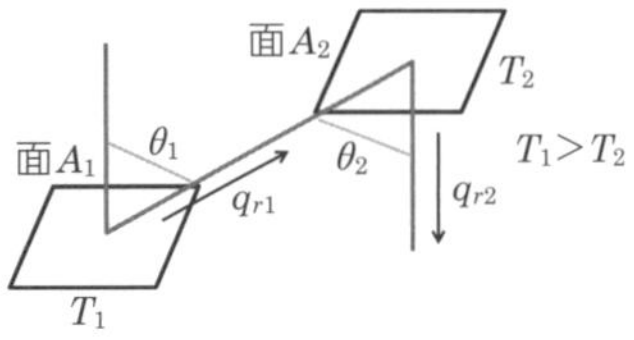

図 4.20 二面体間の放射

$$q_全 = q_{r1} - q_{r2} = \sigma \xi_{12}(A_1 F_{12} T_1^4 - A_2 F_{21} T_2^4) \tag{4.49}$$

（4.49）式において，ξ_{12} は両面の放射率 ξ_1 および ξ_2 によって決まる熱放射係数であり，F_{12} が面 A_1 から見た A_2 の角関係，F_{21} が面 A_2 から見た A_1 の角関係と呼ばれる係数である．

両面の温度が等しいとき，伝熱量 $q_全$ は0となり次式が成り立つ．

$$A_1 F_{12} = A_2 F_{21} \tag{4.50}$$

したがって，（4.49）式は次式のように表すことができる．

$$q_全 = 5.67 \xi_{12} A_1 F_{12} \left\{ \left(\frac{T_1}{100}\right)^4 - \left(\frac{T_2}{100}\right)^4 \right\} = 5.67 \xi_{12} A_2 F_{21} \left\{ \left(\frac{T_1}{100}\right)^4 - \left(\frac{T_2}{100}\right)^4 \right\} \tag{4.51}$$

ただし，計算を容易にするため $\sigma T^4 = 5.67 \times (T/100)^4$ と表記した．

表4.3 総括角関係の例

平面の形状	φ_{12}
無限平行平板	$\dfrac{1}{\phi_{12}} = \dfrac{1}{\xi_1} + \dfrac{1}{\xi_2} - 1$
面 A_1 が面 A_2 に囲まれている場合	$\dfrac{1}{\phi_{12}} = \dfrac{1}{\xi_1} + \left(\dfrac{1}{\xi_2} - 1\right)\dfrac{A_1}{A_2}$
大気中への熱放射	$\phi_{12} = \xi_1$

(4.51)式において，熱放射係数 ξ_{12} と角関係 F_{12} との積を $\varphi_{12} = \xi_{12} F_{12}$ とすると(4.51)式は次式になる．

$$q_{全} = 5.67 A_1 \phi_{12} \left\{ \left(\dfrac{T_1}{100}\right)^4 - \left(\dfrac{T_2}{100}\right)^4 \right\} \tag{4.52}$$

ここで，φ_{12} を総括角関係（総括吸収係数）と呼ぶ．表4.3に簡単な総括角関係の例を示す．

■**例題 4.8** 表面温度 493 K の鋼管（外径 80 mm）が，表面温度 323 K の大きな空間を有する建物内に設置されている．このとき，鋼管 1 m あたりの放射による熱損失を求めよ．ただし，鋼管面の熱放射係数は $\xi = 0.8$ とする．

□**解** まず，条件を整理すると図4.21のようになる．

$A = \pi D L = \pi \times 0.08 \times 1$

$T_1 = 493\,\mathrm{K}, \quad T_2 = 323\,\mathrm{K}$

$\phi_{12} = \xi_1$

(4.52)式より，$q_{全} = 5.67 A_1 \phi_{12} \left\{ \left(\dfrac{T_1}{100}\right)^4 - \left(\dfrac{T_2}{100}\right)^4 \right\}$

$q_{全} = 5.67 \times \pi \times 0.08 \times 0.8 \times \left\{ \left(\dfrac{493}{100}\right)^4 - \left(\dfrac{323}{100}\right)^4 \right\} = 549\,\mathrm{J/s}$ □

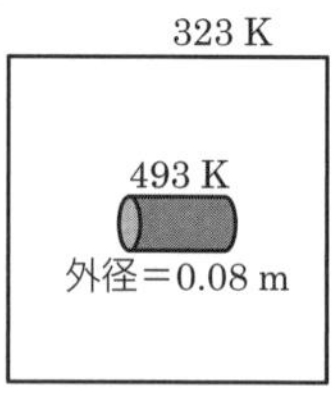

図 4.21

4.3.3 放射および対流による複合伝熱

流体を輸送する配管や比較的温度が高い装置の表面が外気と接しているとき，当然だが，配管や装置表面から外気へ熱移動が起こる．実際は，外気への放熱を防ぐために熱伝導度の低い断熱材などを配管や装置表面に施すことで熱の移動を極力抑えるようにされている．このような場合，熱移動の種類としては放射による熱の移動と対流による熱の移動を考える必要がある．

図4.22に示すように配管で流体を輸送しているときを例とする．

配管の表面温度 T_1，外気温度 T_2 とする．流体輸送時においては，配管を介して対流による熱の移動と配管表面からの放射による熱の移動が起こる．この場合，放射による総括角関係 $\varphi_{12} = \xi_1$ であることから放射による損失熱量 q_r は次式で表される．

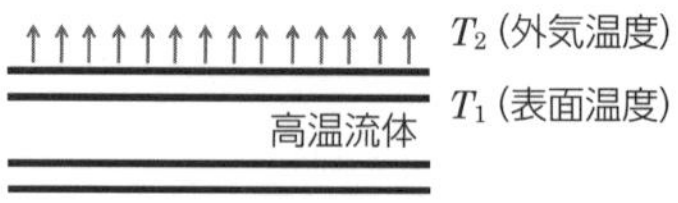

図 4.22 流体輸送時の複合伝熱

$$q_r = 5.67 A_1 \xi_1 \left\{ \left(\dfrac{T_1}{100}\right)^4 - \left(\dfrac{T_2}{100}\right)^4 \right\} \tag{4.53}$$

ここで，

$$h_r = \frac{5.67\xi_1\left\{\left(\dfrac{T_1}{100}\right)^4 - \left(\dfrac{T_2}{100}\right)^4\right\}}{T_1 - T_2} \tag{4.54}$$

とすると，(4.53) 式は次式のように書き表すことができる．

$$q_r = h_r A_1 (T_1 - T_2) \tag{4.55}$$

式中の h_r は放射伝熱係数と呼ばれる．

一方，対流による損失熱量 q_c は次式で示される．なお，式中の h_c は境膜伝熱係数である．

$$q_c = h_c A_1 (T_1 - T_2) \tag{4.56}$$

したがって，図 4.22 に示す流体輸送時における配管からの全損失熱量は次式で示される．

$$q_r + q_c = (h_r + h_c) A_1 (T_1 - T_2) \tag{4.57}$$

ここで，A_1 は $\pi D L$ により求めることができる．また，$(h_r + h_c)$ を複合伝熱係数（共存熱伝達係数）と呼ぶ．

Chapter 5

分離プロセス（平衡分離）

　原料から化学製品を生産する，いわゆる化学プロセスは2.2節の図2.5に示すように，原料調整，反応，分離・精製の3つの工程に大別される．この中で，第1の工程である原料調整では，原料から不純物を除去したり，原料の形状や状態を変化したりなどの処理が行われる．第2の工程は反応工程であり，適切な条件下で原料を反応させ，製品となる目的物質を生成する．しかし，その反応においては，副産物の生成や，未反応原料の残存も珍しくなく，そのため反応工程からは，目的物質，副産物および未反応原料からなる混合物が得られることになる．

　そのため，この混合物から目的物質をより効果的かつ効率的な方法を用いて分離・精製するための工程が必要となる．したがって，反応工程から取り出された混合物は分離・精製工程を経て，ようやく目的物質，副産物および未反応原料に分離され，目的物質は化学製品となり，副産物も用途により利用価値があれば製品化され，また未反応原料は反応工程に再利用される．

　つまり，この分離・精製工程が化学プロセスにおいて，製品が生産できるかどうかの鍵を握る工程であることを指摘しておきたい．もちろん反応工程も，化学プロセスにとって要の工程であることはいうまでもないが（この工程がなければ化学プロセスとは呼ばれないであろう），その規模からすると，反応工程と分離・精製工程が同等，あるいは分離・精製工程が反応工程よりもはるかに大きな規模を占めることも珍しくない．

　さて，この分離・精製工程に用いられる操作には，その原理によって，（1）2つ以上の相（気相，液相，固相）が平衡状態にあるとき，各相中の成分組成に差があることを利用する平衡分離と，（2）2つの相を接触させるとき，相間で移動する各成分の物質移動の差を利用する速度差分離に分けられる．具体的には，平衡分離としては蒸留，吸収，抽出，**晶析**などが，速度差分離としては吸着，調湿・乾燥，膜分離，**晶析**などが挙げられるが，対象物質が形成する相の組合せによって，これらの操作が使い分けられている．

　そこで，本書では平衡分離を取り上げ，速度差分離については続刊で解説することにする．

> **晶析**
> 　晶析は固液平衡に基づく分離操作である点では平衡分離であるが，その操作は非平衡であり，核発生や結晶成長などの速度過程を伴うため，速度差分離にも分類される．

5.1 蒸　　　留

　蒸留（distillation）は，国内外を問わず，世界中の化学プロセスで最も多用されている．この蒸留は揮発成分からなる溶液（液体混合物）を分離・精製するための方法である．その原理は，溶液を加熱・沸騰させたとき，平衡状態で共存している気相と液相中の各相に含まれている成分の組成に違いがあることを利用する平衡分離であり，この気相と液相の平衡関係，すなわち気液平衡に基づく分離操作が蒸留である．この節では，蒸留の基礎として，2成分溶液の分離を対象に，気液平衡と気液平衡に基づく蒸留の原理から始めて，段塔による連続蒸留に

ついて，その理論段数（マッケーブ-シーレ法），還流比と理論段数の関係，最小理論段数，最小還流比，総括塔効率および蒸留塔の高さと内径の求め方を取り上げる．

5.1.1 気液平衡

気液平衡（vapor-liquid equilibrium）とは，溶液を圧力一定下で加熱・沸騰させたとき，沸騰している液体とそこから蒸発した蒸気が平衡を保持している状態である（平衡状態にある液体を**飽和液体**（saturated liquid），蒸気を**飽和蒸気**（saturated vapor）ともいう）．この平衡状態にあるとき，飽和液体（**液相**）と，飽和蒸気（**気相**）の圧力と温度は等しいが，液相と気相とでは各成分組成が等しくない．一例として，図 5.1 に標準大気圧下（$P=$**101.3 kPa**）におけるメタノールと水からなる水溶液（これをメタノール＋水系と表現する）の気液平衡を示すが，例えば，液相のメタノール組成が 20.0 mol%（水は 80.0 mol%）のとき，メタノール＋水系は温度 354.95 K で沸騰し，平衡状態にある気相中のメタノール組成は 57.9 mol%（水は 42.1 mol%）とメタノールが気相中では濃縮され，水は逆に希釈されている．

これは溶液を構成する成分間の蒸発しやすさの違いによるものであり，具体的には平衡状態にある温度で，純成分の沸点が低いものほど蒸気になりやすいため，結果的にその成分が気相中で濃縮されることになる．2 つの成分からなる系，すなわち 2 成分系では，沸点が低い成分を**低沸点成分**（lower boiling component），沸点が高い成分を**高沸点成分**（higher boiling component）と呼ぶことから，メタノール＋水系ではメタノールが低沸点成分，水が高沸点成分となる．

> **液相，気相**
> 液体，気体がそれぞれ相（phase）をなしているという意味で，平衡関係を説明する際には，液体，蒸気ではなく相として表現する．
>
> **101.3 kPa**
> 厳密には 101.325 kPa であるが，例題などに用いる気液平衡データの測定圧力が 101.3 kPa とされているため，5.1 節では標準大気圧を 101.3 kPa として取り扱う．

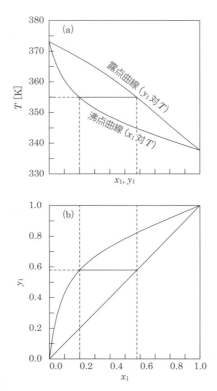

図 5.1　メタノール(1)＋水(2)系の定圧気液平衡（101.325 kPa）

また気液平衡データを表現するとき，液相中の成分の mol 分率を x，気相中の成分の mol 分率を y として表し，低沸点成分を基準とすることが慣例であるため，低沸点成分を成分1，高沸点成分を成分2として，表5.1のように各相の mol 分率を表現する．

表5.1　低沸点成分・高沸点成分の mol 分率

相	成分1（低沸点成分）	成分2（高沸点成分）
液相	x_1	x_2
気相	y_1	y_2

なお，平衡状態にある溶液の温度 T を**平衡温度**と呼び，特に圧力一定下の気液平衡を**定圧気液平衡**（isobaric vapor–liquid equilibrium）と称する（定圧気液平衡における平衡温度を単に**沸点**（boiling point）と呼ぶ場合もある）．したがって，2 成分系の定圧気液平衡は，一定圧力 P における平衡温度 T と，液相組成 x_1，x_2 および気相組成 y_1，y_2 との関係を表すことになる．

また図5.1（a）中，x_1 に対する T のプロット，つまり液体が沸騰する温度である沸点を結んだ曲線は**沸点曲線**または**液相線**，y_1 に対する T のプロット，つまり気体が凝縮する温度である**露点**（dew point）を結んだ曲線は**露点曲線**または**気相線**と呼ばれる（純成分の沸点と露点は等しいが，溶液では平衡状態にある液相と気相で成分組成が異なるため，沸点と露点は一致しない）．この沸点曲線よりも低い温度領域では溶液は液体，露点曲線よりも高い温度領域では気体であり，沸点曲線と露点曲線に囲まれた領域は液体と気体が共存する気液共存領域である．一方，図5.1（b）はメタノール（低沸点成分）の液相組成 x_1 に対してその気相組成 y_1 をプロットした，いわゆる **x-y 曲線**である．なお，図中の点線で結ばれた T-x_1-y_1 データが1点の気液平衡データを表し，液相組成の全領域（$x_1=0\sim1$）で T-x_1-y_1 データが測定されると，それらが1組（1データセット）の気液平衡データとなる．

さてある系について，その気液平衡が必要とされるとき，基本的には実験によって気液平衡データを測定しなければならない．標準大気圧以下の圧力条件に用いられる測定法として，測定原理の違いにより，循環法，静置法および流通法が知られている．その詳細については専門書[3-5]にゆずるが，従来から多くの系を対象に様々な圧力条件下で多数の気液平衡データが測定されている．

それらのデータを系ごとに，x-y 曲線の形状から大別すると，図5.1に示したメタノール＋水系のように全液相組成領域で，$y_1>x_1$，つまり x_1-y_1 曲線が対角線より必ず上にある系と，そうではない系に分けられる．後者の例として，メタノール＋ベンゼン系およびアセトン＋クロロホルム系の沸点曲線，露点曲線，x-y 曲線を図5.2に示すが，どちらの系も x_1-y_1 曲線が対角線と交点を持つ．この交点では $x_1=y_1$（$x_2=y_2$）であるから，もちろん，沸点曲線と露点曲線もこの組成で交わることになる．この交点は**共沸点**（azeotropic point）と呼ばれ，共沸点を形成する溶液は共沸系または共沸混合物と称される（共沸点を有しない系は，共沸系と区別するため非共沸系と呼ばれる場合がある）[6]．

さてこの共沸系にはメタノール＋ベンゼン系のように，共沸点における平衡温度が系を構成する純成分の沸点より低く，最小値を示す最低共沸系（最低共沸混合物）と，アセトン＋クロロホルム系のように共沸点の温度が最大値となる最大共沸系（最大共沸混合物）が存在する[7]．

定圧気液平衡に対して，温度一定下の気液平衡は定温気液平衡と呼ばれる．

図5.1では液・気相組成を x_1, y_1 のみを用いて表しているが，2 成分系では $x_2=1-x_1$，$y_2=1-y_1$ の関係があるので，図表に x_2, y_2 の値は不要である．

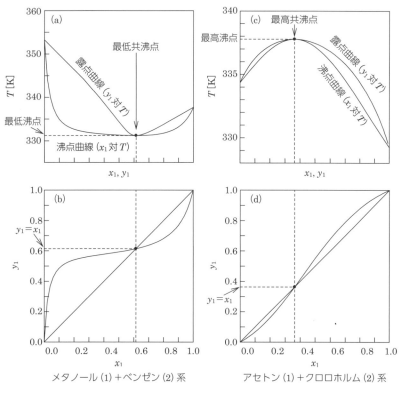

図 5.2 共沸混合物の定圧気液平衡 (101.3 kPa)

5.1.2 計算による気液平衡[8]

前述のように気液平衡データは，実験により得ることが基本である．しかし，理想溶液という特別な溶液については以下に示すラウールの法則により求めることができる．一方，理想溶液ではない一般の溶液（これを非理想溶液と呼ぶ）については，活量係数と呼ばれる非理想性を表す因子を導入することで，計算により気液平衡を求めることができる．

a. 理想溶液の気液平衡―ラウールの法則―

理想溶液（ideal solution）とは溶液を構成する成分について，成分によらず，その大きさと分子間に働く相互作用（引力，斥力）が等しい溶液である．そのため，厳密には実在の溶液には理想溶液は存在せず，仮想的な溶液といえる．しかし，物理的かつ化学的な性質が酷似している成分からなる溶液，例えば，炭素数が1つ違いのアルカンやアルコールからなる系（n-ヘプタン＋n-オクタン，エタノール＋1-プロパノール），異性体からなる系（o-キシレン＋m-キシレン）や，芳香族で構造が近似しているベンゼン＋トルエン系やトルエン＋p-キシレン系，またクロロエタン＋ブロモエタン系については事実上，理想溶液と見なし，次の**ラウールの法則**（Raoult's law）を用いて，その気液平衡を計算により推定できる．

ラウールの法則は，気液平衡にある気相成分の分圧 p_i が，液相中の当該成分 i の mol 分率 x_i と平衡温度 T における純成分 i の飽和蒸気圧 P_i^S との積に等しいことを表している．すなわち，分圧 p_i は全圧 P と気相中の成分 i の mol 分率 y_i の積として定義されるので，ラウールの法則は2成分系については次式で与えら

れる.

$$p_1 = Py_1 = x_1 P_1^S \tag{5.1a}$$

$$p_2 = Py_2 = x_2 P_2^S \tag{5.1b}$$

また，mol 分率 x_1, x_2 および y_1, y_2 は2成分系について次の関係にある.

$$x_1 + x_2 = 1 \tag{5.2a}$$

$$y_1 + y_2 = 1 \tag{5.2b}$$

そこで，(5.1a) 式および (5.1b) 式を y_1, y_2 について整理すると，

$$y_1 = \frac{x_1 P_1^S}{P} \tag{5.3a}$$

$$y_2 = \frac{x_2 P_2^S}{P} \tag{5.3b}$$

であるから，(5.3a) 式と (5.3b) 式を (5.2b) 式に代入すると次式が与えられる.

$$\frac{x_1 P_1^S}{P} + \frac{x_2 P_2^S}{P} = \frac{x_1 P_1^S}{P} + \frac{(1-x_1)P_2^S}{P} = 1 \quad (\because x_2 = 1-x_1) \tag{5.4}$$

また (5.4) 式の両辺に全圧 P を乗じて，P について整理すると次式が得られる.

$$P = x_1 P_1^S + x_2 P_2^S = x_1 P_1^S + (1-x_1)P_2^S \tag{5.5}$$

この (5.4) 式または (5.5) 式が2成分理想溶液の気液平衡を，ラウールの法則に基づき計算するための基礎式（以下，**気液平衡式**と呼ぶ）である（計算方法の詳細は例題5.1を用いて説明する）.

■**例題5.1** 全圧 $101.3\,\mathrm{kPa}$ におけるベンゼン（1）＋トルエン（2）系の気液平衡を求めよ．ただし，本系は理想溶液とし，純ベンゼンと純トルエンの飽和蒸気圧は次の**アントワン式**で計算すること.

ベンゼン： $\log P_1^S\,[\mathrm{kPa}] = 6.00477 - \dfrac{1196.76}{T\,[\mathrm{K}] - 53.989}$

トルエン： $\log P_2^S\,[\mathrm{kPa}] = 6.07577 - \dfrac{1342.31}{T\,[\mathrm{K}] - 53.963}$

> アントワン式
> p.115 にアントワン式の定数が一覧表にまとめられているが，5.1 節ではそれらとは異なる値を用いるので，注意してほしい.

□**解** 一定圧力下の定圧気液平衡を計算で求める場合，その計算方法は，全圧 P と液相組成 x_i を既知として，平衡温度 T（この場合は沸点）と気相組成 y_i を未知数として求める**沸点計算**と，全圧 P と気相組成 y_i を既知として，平衡温度 T（この場合は露点）と液相組成 x_i を未知数として求める**露点計算**に分けられる．この中で，前述した気液平衡式 (5.4) と (5.5) は沸点計算を行うための平衡式であるので，本項では沸点計算について説明する.

> 沸点計算
> x_i に対する T，つまり沸点を未知数として求める計算.

> 露点計算
> y_i に対する T，つまり露点を未知数として求める計算.

その計算を理想溶液について行う場合，平衡式として (5.4) 式を用いることにすると，全圧 P と液相組成 x_1 は既知であるから，① 未知数の中で沸点 T について，計算を始めるための初期温度 $T_{初期値}$ を仮定し，② $T_{初期値}$ における飽和蒸気圧 P_1^S, P_2^S を計算し，その後，③ 式に示す Δ を求める.

$$\Delta = 1 - \frac{x_1 P_1^S}{P} - \frac{(1-x_1)P_2^S}{P}$$

もし仮定した $T_{初期値}$ が沸点として正しければ，$\Delta = 0$，つまり $T_{初期値}$ は気液平衡式 (5.4) を満足することになる．しかし $\Delta \neq 0$ の場合は，④ $T_{初期値}$ を適当な方法で修正し，**$\Delta = 0$ を満足する温度**を試行法により決定する.

そこで一例として，全圧 $101.3\,\mathrm{kPa}$ におけるベンゼン（1）＋トルエン（2）系の沸点計算を，$x_1 = 0.100\,\mathrm{mol}$ 分率（$x_2 = 0.900\,\mathrm{mol}$ 分率）において行うと，

> $\Delta = 0$ を満足する温度
> 数値計算上，$\Delta = 0$ とすることは困難であるので，許容範囲を設定し，その範囲内に Δ が収まれば，事実上 $\Delta = 0$ と見なす.

66

表 5.2 ベンゼン(1)＋トルエン(2)系の 101.3 kPa における定圧気液平衡の計算結果

ベンゼンの mol 分率		T [K]	ベンゼンの mol 分率		T [K]
x_1	y_1		x_1	y_1	
0.000	0.000	383.76	0.600	0.790	362.48
0.050	0.111	381.45	0.700	0.856	359.91
0.100	0.209	379.28	0.800	0.911	357.53
0.200	0.376	375.25	0.900	0.959	355.31
0.300	0.511	371.60	0.950	0.980	354.26
0.400	0.622	368.29	1.000	1.000	353.24
0.500	0.713	365.26			

$T = 379.28$ K において，$P_1^\mathrm{S} = 211.70$ kPa，$P_2^\mathrm{S} = 89.045$ kPa であるから，

$$\varDelta = 1 - \frac{0.100 \times 211.70}{101.3} - \frac{0.900 \times 89.045}{101.3} = 1 - 0.209 - 0.791 = 0$$

を得るので，求める沸点は 379.28 K であり，気相組成は (5.3a)，(5.3b) 式より，$y_1 = 0.209$ mol 分率，$y_2 = 0.791$ mol 分率である.

　同様にして他の液相組成について求めた沸点と気相組成を表 5.2 に示す．　□

b. 理想溶液の気液平衡―相対揮発度―

　2 成分理想溶液の気液平衡を記述するための因子として，**理想溶液の相対揮発度**（relative volatility of ideal solution）α が純成分 1 および 2 の飽和蒸気圧 P_1^S，P_2^S を用いて次式で定義される.

$$\alpha = \frac{P_1^\mathrm{S}}{P_2^\mathrm{S}} \tag{5.6}$$

　この相対揮発度 α（無次元）を用いると，気液平衡の状態にある低沸点成分の液相組成 x_1 と気相組成 y_1 の間に**次の関係が成立する**.

$$y_1 = \frac{\alpha x_1}{1 + (\alpha - 1) x_1} \tag{5.7}$$

すなわち，(5.3a) 式中の全圧 P に (5.5) 式を代入し，右辺の分子と分母を P_2^S で除すと，

> **次の関係が成立する**
> もちろん，高沸点成分についても，$\alpha = P_2^\mathrm{S}/P_1^\mathrm{S}$ として，
> $y_2 = \dfrac{\alpha x_2}{1 + (\alpha - 1) x_2}$
> が成立する.

$$y_1 = \frac{x_1 P_1^\mathrm{S}}{P} = \frac{x_1 P_1^\mathrm{S}}{x_1 P_1^\mathrm{S} + (1 - x_1) P_2^\mathrm{S}} = \frac{\dfrac{x_1 P_1^\mathrm{S}}{P_2^\mathrm{S}}}{\dfrac{x_1 P_1^\mathrm{S}}{P_2^\mathrm{S}} + 1 - x_1} = \frac{\left(\dfrac{P_1^\mathrm{S}}{P_2^\mathrm{S}}\right) x_1}{1 + \left(\dfrac{P_1^\mathrm{S}}{P_2^\mathrm{S}} - 1\right) x_1}$$

であるから，$\alpha = P_1^\mathrm{S}/P_2^\mathrm{S}$ として式を整理すると，(5.7) 式が得られるのである.

　この α は，純成分の飽和蒸気圧 P_1^S と P_2^S が平衡温度 T に依存して増減するものの，その比であるため，平衡温度が α に与える影響は小さいことから，液相組成 x_1 に関わりなく，α を一定として取り扱うことができる．したがって (5.7) 式を用いると，理想溶液については，α を既知として **x_1 から y_1 が計算可能**であり，y_2 については (5.2b) 式から，$y_2 = 1 - y_1$ で求められる．換言すれば，(5.7) 式は x_1-y_1 曲線の表現式ともいえる.

> **x_1 から y_1 が計算可能**
> y_1 から x_1 の計算も可能.

　なお実際の計算に用いる α としては，(5.7) 式から求められる x_1-y_1 曲線の信頼性を考慮して，計算対象とする全圧 P における純成分 1 と 2 の各沸点，$T_{\mathrm{b},1}$，$T_{\mathrm{b},2}$ における蒸気圧の比 $P_1^\mathrm{S}/P_2^\mathrm{S}$ の幾何平均値 α_{av}（**平均相対揮発度**と呼ばれる）が用いられる.

$$\alpha_{\mathrm{av}} = \sqrt{\left(\frac{P_1^\mathrm{S}}{P_2^\mathrm{S}}\right)_{T_{\mathrm{b},1}} \left(\frac{P_1^\mathrm{S}}{P_2^\mathrm{S}}\right)_{T_{\mathrm{b},2}}} \tag{5.8}$$

■例題 5.2　理想溶液系であるエタノール（1）＋1-プロパノール（2）系の全圧 101.3 kPa における x_1-y_1 曲線を相対揮発度 α から求めよ．ただし，α には平均相対揮発度 α_{av} を用いることとし，α_{av} の決定に必要な純エタノールと純 1-プロパノールの飽和蒸気圧は次のアントワン式で計算すること．

エタノール：　　　$\log P_1^S\,[\mathrm{kPa}]=6.80607-\dfrac{1332.04}{T\,[\mathrm{K}]-73.950}$

1-プロパノール：　$\log P_2^S\,[\mathrm{kPa}]=7.12341-\dfrac{1579.13}{T\,[\mathrm{K}]-61.644}$

□解　標準大気圧 101.3 kPa におけるエタノールと 1-プロパノールの**沸点** $T_{b,1}$, $T_{b,2}$ はアントワン式を用いると，$T_{b,1}=351.44$ K，$T_{b,2}=370.21$ K であり，この温度における各飽和蒸気圧 P_1^S, P_2^S はアントワン式を用いて，次のように計算できる．

$T_{b,1}=351.44$ K：$P_1^S=101.3$ kPa，$P_2^S=47.24$ kPa

$T_{b,2}=370.21$ K：$P_1^S=204.1$ kPa，$P_2^S=101.3$ kPa

したがって，全圧 101.3 kPa における平均相対揮発度 α_{av} は（5.8）式より，

$$\alpha_{av}=\sqrt{\left(\frac{101.3}{47.24}\right)_{351.44\,\mathrm{K}}\left(\frac{204.1}{101.3}\right)_{370.21\,\mathrm{K}}}=2.08$$

と求められる．この α_{av} を用いると，液相組成 x_1 から気相組成 y_1 が（5.7）式を使用して算出できる．一例として，$x_1=0.100$ mol 分率（$x_2=0.900$ mol 分率）における y_1 を求めると，

$$y_1=\frac{2.08\times0.100}{1+(2.08-1)\times0.100}=\frac{0.208}{1.108}=0.1877\ \text{mol 分率}$$

である．同様にして他の液相組成について求めた気相組成を表 5.3 に示す．　□

表 5.3　エタノール（1）＋1-プロパノール（2）系の 101.3 kPa における平均相対揮発度を用いた気相組成の計算結果

エタノールの mol 分率		エタノールの mol 分率	
x_1	y_1	x_1	y_1
0.000	0.000	0.600	0.757
0.050	0.099	0.700	0.829
0.100	0.188	0.800	0.893
0.200	0.342	0.900	0.949
0.300	0.471	0.950	0.975
0.400	0.581	1.000	1.000
0.500	0.675		

c. 非理想溶液の気液平衡—活量係数—

　一般の溶液の大部分は理想溶液として取り扱うことはできないことから，非理想溶液と呼ばれ，非理想溶液にはラウールの法則が適用できない．つまり 2 成分からなる非理想溶液については，（5.1a），（5.1b）式はもはや成立せず，分圧 Py_i と液相中の mol 分率 x_i と飽和蒸気圧 P_i^S との積の比も 1 とはなり得ず，その値も系によって，また同じ系でも P-T-x_1-y_1 データに依存して 1 以外の異なる値をとる．そこで新たに，次のように $Py_i/(x_iP_i^S)$ を**活量係数**（activity coefficient）γ_1, γ_2 として定義する．

$$\gamma_1=\frac{Py_1}{x_1P_1^S} \tag{5.9a}$$

$$\gamma_2 = \frac{P y_2}{x_2 P_2^{\mathrm{S}}} \tag{5.9b}$$

理想溶液では γ_1 と γ_2 はともに 1.

この活量係数は**理想溶液**を基準として，その値が 1 からどれだけ異なるかによって，溶液の非理想性（理想溶液からの隔たり）を表す因子（無次元）である．また，実測した P-T-x_1-y_1 データが与えられれば，ただちに，γ_1, γ_2 が（5.9a），（5.9b）式から計算できる．

さて，この γ_1, γ_2 を用いると，2 成分非理想溶液の気液平衡式は次のように与えられる．まず（5.9a），（5.9b）式を用いると，気相成分の分圧 p_i は次のように表される．

$$p_1 = P y_1 = x_1 \gamma_1 P_1^{\mathrm{S}} \tag{5.10a}$$

$$p_2 = P y_2 = x_2 \gamma_2 P_2^{\mathrm{S}} \tag{5.10b}$$

次に（5.10a）式および（5.10b）式を y_1, y_2 について整理すると，

$$y_1 = \frac{x_1 \gamma_1 P_1^{\mathrm{S}}}{P} \tag{5.11a}$$

$$y_2 = \frac{x_2 \gamma_2 P_2^{\mathrm{S}}}{P} \tag{5.11b}$$

であるから，（5.11a）式と（5.11b）式を（5.2b）式に代入すると次式が与えられる．

$$\frac{x_1 \gamma_1 P_1^{\mathrm{S}}}{P} + \frac{x_2 \gamma_2 P_2^{\mathrm{S}}}{P} = \frac{x_1 \gamma_1 P_1^{\mathrm{S}}}{P} + \frac{(1-x_1) \gamma_2 P_2^{\mathrm{S}}}{P} = 1 \quad (\because x_2 = 1 - x_1) \tag{5.12}$$

また（5.12）式の両辺に全圧 P を乗じ，P について整理すると次式が得られる．

$$P = x_1 \gamma_1 P_1^{\mathrm{S}} + x_2 \gamma_2 P_2^{\mathrm{S}} = x_1 \gamma_1 P_1^{\mathrm{S}} + (1-x_1) \gamma_2 P_2^{\mathrm{S}} \tag{5.13}$$

この（5.12）式または（5.13）式が，2 成分非理想溶液の気液平衡を計算するための気液平衡式である．その計算方法の詳細は例題 5.3 を用いて説明するが，その計算のためには，活量係数を求めるための計算式が必要となる．この計算式を**活量係数式**と呼ぶ．活量係数式については，従来から様々な提案がなされているが，本節では次式で示される**ウイルソン**（Wilson）式[9] を用いることにする．

$$\ln \gamma_1 = -\ln (x_1 + \Lambda_{12} x_2) + x_2 \left(\frac{\Lambda_{12}}{x_1 + \Lambda_{12} x_2} - \frac{\Lambda_{21}}{\Lambda_{21} x_1 + x_2} \right) \tag{5.14a}$$

$$\ln \gamma_2 = -\ln (\Lambda_{21} x_1 + x_2) - x_1 \left(\frac{\Lambda_{12}}{x_1 + \Lambda_{12} x_2} - \frac{\Lambda_{21}}{\Lambda_{21} x_1 + x_2} \right) \tag{5.14b}$$

式中の Λ_{12}, Λ_{21} はウイルソン式の 2 成分パラメータ（無次元）であり，一般に実測した 1 組の 2 成分系気液平衡データに基づき非線形最小二乗法を用いて決定できる．もし 3 成分系以上の多成分系について，このパラメータが系を構成する 2 成分系についてすべて既知であるならば，ウイルソン式は 2 成分パラメータのみを用いて，その気液平衡を計算できる式として知られている．このため，ウイルソン式は数々の活量係数式の中で理論的にも実用的にも，最も広く使用されているものの一つである．

■**例題 5.3** 非理想溶液であるメタノール（1）＋水（2）系の全圧 101.3 kPa における気液平衡を，活量係数式にウイルソン式を用いて求めよ．ただし，純メタノールと純水の飽和蒸気圧は次のアントワン式で計算し，ウイルソン式の 2 成分パラメータは，$\Lambda_{12} = 0.3546$, $\Lambda_{21} = 1.147$ を用いよ．

メタノール： $\log P_1^{\mathrm{S}} [\mathrm{kPa}] = 7.20587 - \dfrac{1582.27}{T [\mathrm{K}] - 33.450}$

水：
$$\log P_2^{\mathrm{S}}\,[\mathrm{kPa}]=7.19621-\frac{1730.63}{T\,[\mathrm{K}]-39.724}$$

□解 非理想溶液であるメタノール（1）＋水（2）系の全圧 101.3 kPa における定圧気液平衡の計算を行うために，活量係数式としてウイルソン式を用いる．具体的には例題 5.1 と同様に沸点計算を行うものとすると，気液平衡式として（5.12）式を用いて，次の手順で沸点計算を行うことができる．

つまり全圧 $P＝101.3$ kPa と液相組成 x_1 を既知として，①ウイルソン式を用いて活量係数 γ_1，γ_2 を算出し，②沸点 T について，計算を始めるための初期温度 $T_{初期値}$ を仮定し，③$T_{初期値}$ における飽和蒸気圧 P_1^{S}，P_2^{S} を計算，その後，④次式に示す $\varDelta$ を求める．

$$\varDelta＝1-\frac{x_1\gamma_1 P_1^{\mathrm{S}}}{P}-\frac{(1-x_1)\gamma_2 P_2^{\mathrm{S}}}{P}$$

もし仮定した $T_{初期値}$ が沸点として正しければ，$\varDelta＝0$，つまり $T_{初期値}$ は気液平衡式（5.12）を満足することになる．しかし $\varDelta\neq0$ の場合は，⑤$T_{初期値}$ を適当な方法で修正し，$\varDelta＝0$ を満足する温度を試行法により決定する．

一例として，全圧 101.3 kPa におけるメタノール（1）＋水（2）系の沸点計算を $x_1＝0.100$ mol 分率（$x_2＝0.900$ mol 分率）において行うと，この組成で活量係数は次のようになる．

$$\ln\gamma_1＝-\ln\,(0.100+0.3546\times0.900)$$
$$+0.900\left(\frac{0.3546}{0.100+0.3546\times0.900}-\frac{1.147}{1.147\times0.100+0.900}\right)$$
$$＝-\ln\,(0.100+0.319)-0.900\left(\frac{0.3546}{0.100+0.319}-\frac{1.147}{0.115+0.900}\right)$$
$$＝-\ln\,(0.149)+0.900\left(\frac{0.3546}{0.419}-\frac{1.147}{1.015}\right)$$
$$＝-(0.869)+0.900\,(0.846-1.130)＝0.869+0.900\,(-0.284)$$
$$＝0.869+0.2556＝0.613$$
$$\therefore\ \gamma_1＝e^{0.613}＝1.846$$

$$\ln\gamma_2＝-\ln\,(1.147\times0.100+0.900)$$
$$-0.100\left(\frac{0.3546}{0.100+0.3546\times0.900}-\frac{1.147}{1.147\times0.100+0.900}\right)$$
$$＝-\ln\,(0.115+0.900)-0.100\left(\frac{0.3546}{0.100+0.319}-\frac{1.1469}{0.115+0.900}\right)$$
$$＝-\ln\,(1.015)-0.100\left(\frac{0.3546}{0.419}-\frac{1.147}{1.015}\right)$$
$$＝-0.01489-0.100\,(0.846-1.130)＝-0.01489-0.100\,(-0.284)$$
$$＝-0.014589+0.0284＝0.0138$$
$$\therefore\ \gamma_1＝e^{0.0138}＝1.014$$

$\gamma_1＝1.846$，$\gamma_2＝1.014$ であり，$T＝360.63$ K において，$P_1^{\mathrm{S}}＝234.31$ kPa，$P_2^{\mathrm{S}}＝63.571$ kPa であるから，

$$\varDelta＝1-\frac{0.100\times1.846\times234.31}{101.3}-\frac{0.900\times1.014\times63.571}{101.3}＝1-0.427-0.573＝0$$

を得るので，求める沸点は 360.63 K であり，気相組成は $y_1＝0.427$ mol 分率，$y_2＝0.573$ mol 分率である．

同様にして他の液相組成について求めた沸点と気相組成を表 5.4 に示す．　□

表5.4 メタノール(1)＋水(2)系の101.3 kPaにおける定圧気液平衡の計算結果

メタノールのmol分率		T [K]	メタノールのmol分率		T [K]
x_1	y_1		x_1	y_1	
0.000	0.000	373.15	0.600	0.832	344.42
0.050	0.284	365.35	0.700	0.876	342.60
0.100	0.427	360.63	0.800	0.918	340.89
0.200	0.579	354.95	0.900	0.960	339.27
0.300	0.667	351.37	0.950	0.980	338.49
0.400	0.731	348.67	1.000	1.000	337.72
0.500	0.784	346.42			

5.1.3 蒸留の原理

蒸留が連続式の化学プロセスに用いられる場合，最も広く使用されている操作が後述する段式蒸留塔を用いた連続蒸留である．そこで，連続蒸留を例に蒸留の原理を説明しよう．なお蒸留操作としては他に，最も簡単な回分式の蒸留操作で，原料となる溶液中の低沸点成分の組成をある程度高めればよいときに使用される**単蒸留**（simple distillation）[10]や，連続式の単蒸留に相当する蒸留操作である**フラッシュ蒸留**（flash distillation）[14]，不揮発性の成分を含み，沸点が比較的高く水に難溶な目的物質に水蒸気を吹き込んで加熱し，水蒸気とともに目的物質のみを留出させる**水蒸気蒸留**（steam distillation）[15]などが用いられている．

さて，蒸留の原理は先に述べたように，溶液を加熱・沸騰させ，沸騰した液体（液相）とそこから蒸発した蒸気（気相）が気液平衡状態にあるとき，各相で含まれている成分の組成に違いがあることを利用する平衡分離であり，一般に気相中に，より揮発性が高い成分が濃縮される．具体的にメタノール水溶液の連続蒸留を考えると，その蒸留操作は図5.1に示した全圧101.3 kPaにおける気液平衡線図を用いて次のように説明できる．

例えば，メタノール組成 $x_{W,メタノール}=0.050$ mol分率の水溶液を原料として連続蒸留を行うものとすると，図5.3のように，この水溶液を加熱すると365.35 K（$=T_W$）で沸騰し，メタノール $y_{W,メタノール}=0.284$ mol分率を含む混合蒸気が発生する．この蒸気を冷却し凝縮させると，同組成の水溶液（$x_{1,メタノール}=0.284$ mol分率；下付の「1, メタノール」は「段の番号，成分名」を意味し，5.1.3項では以下同様とする）が得られる．次にこの水溶液を再び加熱すると，その沸点は351.88 K（$=T_1$）であり，$y_{1,メタノール}=0.655$ mol分率の混合蒸気が得られる．そこで，この蒸気を凝縮し，水溶液（$x_{2,メタノール}=0.655$ mol分率）とした後，再度，加熱することで，水溶液は343.42 K（$=T_2$）で沸騰し，そこから，$y_{2,メタノール}=0.856$ mol分率の混合蒸気が蒸発する．この蒸気を凝縮すれば，メタノールが $x_{3,メタノール}=0.856$ mol分率まで濃縮された水溶液となる．

したがって，溶液の加熱・沸騰と，そこから発生する飽和状態の混合蒸気の冷却・凝縮を繰り返せば，低沸点成分であるメタノールが濃縮され，やがて，純粋なメタノールが連続蒸留によって得ることができるのである．しかしこの例では，メタノール組成 0.050 mol分率の水溶液を，メタノール 0.856 mol分率の水溶液まで濃縮するために，3つの加熱装置と冷却装置が必要となり，純粋なメタノールと純水まで成分分離する場合には，さらに多くの加熱装置と冷却装置を使用しなければならないことになる．これに対して，1つの加熱装置と1つの凝縮装置のみで，効率的かつ効果的な成分分離を実現するために開発された装置が，

$x_{W,メタノール}$，$y_{W,メタノール}$ の下付のWは後述する缶出液を示す．

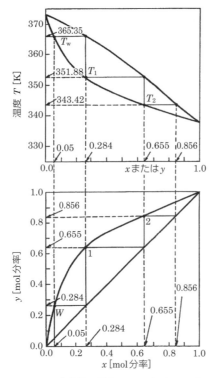

図 5.3 メタノール水溶液の蒸留による成分分離（101.3 kPa）
[小島和夫他『入門 化学工学 改訂版』（培風館, 1996）の図を改変]

段式連続蒸留塔と呼ばれる蒸留塔である．そこで本節では，段式蒸留塔を用いた連続蒸留を中心に単蒸留ならびにフラッシュ蒸留についても解説する．

なお，共沸点を持つメタノール＋ベンゼン系やアセトン＋クロロホルム系のような共沸混合物は，共沸点で液相と気相の成分組成が等しくなるため，前述の蒸留操作では共沸点における組成以上に低沸点成分を濃縮できない．そのため，共沸混合物の成分分離については，共沸蒸留や抽出蒸留というような特殊な蒸留[16]を採用するか，または膜分離や超臨界流体抽出などの他の分離操作を用いる必要があることを指摘しておきたい．

5.1.4 単蒸留

単蒸留は図 5.4 に示すように，加熱フラスコと冷却器（凝縮器）および留出した溶液を貯留するための留出液受け器から構成される最も簡単な回分式の蒸留法である．その操作は，まず蒸留すべき溶液を加熱フラスコに仕込み，次にマントルヒーターなどを用いて溶液を加熱/沸騰することで蒸留を開始し，発生した混合蒸気をすべてフラスコ外に取り出し冷却・凝縮後，これを留出液として，一定量の留出液が得られた時点で蒸留を終了する．

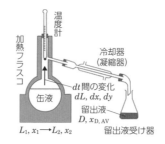

図 5.4 単蒸留装置

x_1, x_2 および $x_{D,AV}$
5.1.4 項以降，組成は低沸点の mol 分率のみを表すので，成分の番号を示す下付の「1」や「2」は省略し，下付の数字やアルファベットは仕込液（または原料），缶残液（または液留分，缶出液，塔底），留出液（または蒸気留分，塔頂）および段の番号を示すものとする．

いま 2 成分溶液の単蒸留を考えて，

$L_1 =$ 加熱フラスコへの仕込液の量（仕込液量）[mol]，

$x_1 =$ 仕込液中の低沸点成分の mol 分率，

L_2＝蒸留終了時の加熱フラスコ中の残液の量（缶残液量）［mol］，

x_2＝缶残液中の低沸点成分の mol 分率，

D＝蒸留終了時の留出液の量（留出液量）［mol］

とすると，蒸留の進行とともにフラスコ内の溶液量 L は L_1 から L_2 まで，その低沸点成分の mol 分率 x は x_1 から x_2 まで減少することになる．一方，留出液量は蒸留が進行するにしたがい増加し，またその組成も変化することから，単蒸留では，留出液の組成を蒸留時間全体の平均値，すなわち，平均留出組成 $x_{\mathrm{D,\,AV}}$（低沸点成分の mol 分率）として取り扱われる．このような単蒸留をめぐる物質収支は，（2.10）式より次のように表される．

全物質収支式： $\qquad L_1-L_2=D$ $\qquad\qquad$ (5.15)

低沸点成分収支式： $\quad L_1x_1-L_2x_2=Dx_{\mathrm{D,\,AV}}$ $\qquad\qquad$ (5.16)

$$\therefore x_{\mathrm{D,\,AV}}=\frac{L_1x_1-L_2x_2}{D}=\frac{L_1x_1-L_2x_2}{L_1-L_2} \qquad\qquad (5.17)$$

次に単蒸留中の時刻 t から微少時間 dt 経過した時刻 $t+dt$ 間の加熱フラスコ内の溶液量とその溶液の組成の変化の関係を考える．すなわち，

任意の時刻 t：

缶残液量＝L，缶残液中の低沸点成分の mol 分率＝x，このとき発生する混合蒸気は缶残液と気液平衡の状態にあり，その低沸点成分の mol 分率＝y

とする．一方，dt 間の L，x および y の減少量をそれぞれ，dL，dx および dy とおくと，

時刻 $t+dt$：

缶残液量＝$L-dL$，缶残液中の低沸点成分の mol 分率＝$x-dx$，発生した混合蒸気中の低沸点成分の mol 分率＝$y-dy$

であり，この減少量 dL は発生した蒸気量に等しい．そこで，時刻 t と $t+dt$ をめぐる低沸点成分収支を考えると，

$$Lx-(L-dL)(x-dx)=(y-dy)dL$$

であり，整理すると次式が得られる．

$$Ldx=(y-x)dL+dLdx-dydL \qquad\qquad (5.18)$$

式中，2 次の微分量 $dLdx$，$dydL$ は Ldx，$(y-x)dL$ に比較して，$dLdx$，$dydL\ll Ldx$，$(y-x)dL$ であるので無視すると，（5.18）式は事実上，次式で表すことができる．

$$Ldx=(y-x)dL$$

この式を次のように変形し，

$$\frac{dL}{L}=\frac{dx}{y-x}$$

蒸留の開始(1)から終了(2)まで積分すると，次式が導かれる．

$$\int_{L_1}^{L_2}\frac{dL}{L}=\int_{x_1}^{x_2}\frac{dx}{y-x} \quad \therefore\ln\!\left(\frac{L_1}{L_2}\right)=\int_{x_2}^{x_1}\frac{dx}{y-x} \qquad (5.19)$$

この式は，単蒸留の物質収支を理論的に表すレイリー（Rayleigh）の式として知られている．このレイリーの式を用いれば，式中の 4 つの変数の中で 3 つ与えることにより，残りの 1 つを理論的に計算できる．その際，右辺の積分を計算しなければならないが，積分項中の x と y は気液平衡状態にある液相と気相の組成として取り扱うので，理想溶液については，x-y 関係を蒸留対象とする溶液の平均

成分収支式
　もちろん高沸点成分についても収支式を立てられるが，2 成分溶液では，その収支式は（5.15）式と（5.16）式の差で表されるため，独立した収支式の数は 2 つであるから，高沸点成分収支式を用いる必要はない．

相対揮発度 α_{AV} を用いた(5.7)式で表すことが可能である．したがって，(5.7)式をレイリーの式の積分項に代入すれば，解析的に定積分を解くことができるので次式が得られる．

$$\ln\left(\frac{L_1}{L_2}\right)=\frac{1}{\alpha_{AV}-1}\left[\ln\left(\frac{x_1}{x_2}\right)+\alpha_{AV}\ln\left(\frac{1-x_2}{1-x_1}\right)\right] \tag{5.20}$$

なお非理想溶液については，その x-y 関係を理想溶液のように1つの式で表すことができないことから，当該溶液の気液平衡データを既知として，図式積分や数値積分などの数値計算により，積分値を求めなければならない．

5.1.5 フラッシュ蒸留

回分式の単蒸留に対して，加熱・沸騰による溶液の蒸発を連続的に行う蒸留がフラッシュ蒸留である．その操作は図5.5に示すように，原料である溶液を連続的に加熱器に供給し，加熱後，ただちに減圧弁を経て溶液を**噴出**させると，溶液から混合蒸気が蒸発し，気液平衡状態にある液相と気相を形成する．その後，この液相と気相を分離器にて分けると，上部より蒸気留分，下部より液留分が得られる．

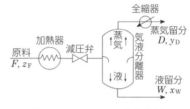

図5.5 フラッシュ蒸留装置

噴出
　これをフラッシュと呼ぶ．

ここで2成分系を考え，

$F=$ 供給原料量[mol]，$z_F=$ 原料中の低沸点成分の mol 分率

$D=$ 蒸気留分量[mol]，$y_D=$ 蒸気留分中の低沸点成分の mol 分率

$W=$ 液留分量[mol]，$x_W=$ 液留分中の低沸点成分の mol 分率

とすると，フラッシュ蒸留をめぐる物質収支は（2.3）式から次のように与えられる．

全物質収支式： $F=D+W$ (5.21)

低沸点成分収支式： $Fz_F=Dy_D+Wx_W$ (5.22)

式中の x_W と y_D は，気液平衡状態にある液相と気相の組成であることに注意して欲しい．また（5.21）と（5.22）式を組み合わせて F **を消去する**と，次式が得られる．

$$-\left(\frac{W}{D}\right)=\frac{y_D-z_F}{x_W-z_F} \tag{5.23}$$

F を消去する
　F を消去せず，(5.21)，(5.22) 式を連立して解くと，次のように蒸気留分量 D と残液留分量 W を表す式が導かれる．

$$D=F\frac{z_F-x_W}{y_D-x_W}$$

$$W=F\frac{z_F-y_D}{x_W-y_D}$$

この式は，蒸留の対象とする溶液の気液平衡を考えると，その x-y 曲線上のc点 $(x=x_W, y=y_D)$ と対角線上のf点 $(x=z_F, y=z_F)$ を結ぶ直線の勾配が $-(W/D)$ であることを示す．換言すると，分離条件として z_F, D および W が与えられると，溶液の x-y 曲線とf点を通る傾き $-(W/D)$ の直線の交点の座標を作図により読み取れば，その交点がc点であるから，x_W と y_D を決定できることを(5.23)式は表している．

5.1.6 段塔による連続蒸留

a. 段塔の構造

連続蒸留に使われる**段式連続蒸留塔**（以下，**段塔**（plate tower）と呼ぶ）の概略図を図5.6に示す．段塔は主体となる蒸留塔，加熱装置である加熱缶（ある

いは再沸器）および凝縮器と呼ばれる冷却装置から構成されており，塔内には文字通り，多数の段を設置し，各段上では，下段から上昇する混合蒸気と，上段から下降し段上を流動する溶液が接触するように設計されている．すなわち図5.3に示すように，低沸点成分の組成が低い溶液ほど沸点も高いことから，そこから沸騰して発生した混合蒸気の蒸発熱も大きくなる．また段塔では一般に，塔頂から塔底に向かって段上の溶液の低沸点組成が段階的に低くなる．そのため段上を流れる溶液とその下段から上昇してくる混合蒸気が接触すると，溶液の温度より混合蒸気の温度が高いため，蒸気は冷却され蒸発熱に相当する凝縮熱を放出し凝縮するので，溶液は凝縮熱によって加熱・沸騰し，より低沸点成分が高い混合蒸気が蒸発することになる．

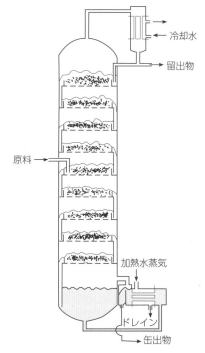

図5.6　段式連続蒸留塔（段塔）

つまり段塔内の各段上で，下段から上昇する混合蒸気による段上の溶液の加熱・沸騰と，その混合蒸気の冷却・凝縮が同時に生じるため，加熱缶と凝縮器を1つずつしか使用しなくても，図5.3のような成分分離が段塔では可能なのである．

b. 蒸留操作

一般に段塔の連続蒸留操作は以下のように行われる．

①分離対象とする溶液（原料）を塔の中間部に連続的に供給する．
②塔内に供給された溶液は加熱缶で加熱・沸騰し，蒸発した混合蒸気は塔内を上昇し，塔頂を通過する．
③塔頂を通過した低沸点成分に富む混合蒸気は凝縮器で冷却・凝縮され，その凝縮液の一部を製品として取り出し，残りを塔頂へ戻す．
④塔に戻された凝縮液は段上を流れながら，塔底に向かって塔内を下降し，塔底部では高沸点成分に富む溶液を所定量取り出し，残りは加熱缶により，加熱・沸騰する．

この中の③の操作において，取り出される製品を蒸留では**留出液**（distillate）**（塔頂液）**，塔頂に戻す液を**還流液**，操作④の塔底部から取り出される溶液を**缶出液**（bottom）**（塔底液）**と呼び，原料が供給される段（**原料供給段**（feed plate））より上を**濃縮部**（enriching section），これより下を**回収部**（stripping section）と称する．また製品を取り出さず，凝縮液をすべて還流液とする場合を**全還流**（total reflux）という．この還流液の量と留出液の量の比を**還流比**（reflux ratio）と呼び，記号 R で表す．

$$還流比 \ R = \frac{還流液量}{留出液量} \tag{5.24}$$

一方，凝縮液をすべて製品としてしまうと，塔頂への還流がなくなるため，図

塔頂に戻す
この操作を還流（reflux）と呼ぶ．

記号 R
この記号は還流比だけでなく気体定数にも用いられるが，その表す意味は全く異なるので，混同しないこと．

5.6に示すように段上に上段から溶液は流れ込まず，段上での溶液と混合蒸気の接触がなくなるため，蒸気の成分組成も変化せず，段塔による成分分離が実現しない．このため蒸留操作では，この還流が重要な役割を果たしていることに注意して欲しい．

なお段塔には，泡鐘トレーや，フレキシトレー，多孔板トレーなど構造が異なる段が使い分けられている．また，蒸留塔には段塔の他，塔内に段の代わりに，ラシヒリングに代表される充てん物を充てんした**充てん塔**（packed tower）も使用されているが，これらの詳細については，専門書や便覧を参照して欲しい[17]．

充てん塔
充てん物の表面で，溶液を分散させ，そこで混合蒸気と接触させる．

c. 物質収支

段塔をめぐる物質収支は，2成分溶液について次のように考えられる．すなわち，図5.7に示すように，蒸留塔全体，原料供給段，濃縮部，回収部ではその収支関係が異なるので，それぞれ別に収支式を立てる必要がある．

まず蒸留塔全体（図5.7中，実線の枠）については，その収支式は次のように与えられる．

全物質収支式：　　　$F = D + W$ 　　　　　　　　　　(5.25)

低沸点成分収支式：　$F x_F = D x_D + W x_W$ 　　　　　　(5.26)

式中，

$F =$ 供給される原料量[kmol/h]，$x_F =$ 原料中の低沸点成分のmol分率

$D =$ 留出液量[kmol/h]，$x_D =$ 留出液中の低沸点成分のmol分率

$W =$ 缶出液量[kmol/h]，$x_W =$ 缶出液中の低沸点成分のmol分率

であり，この中で，F，x_F，x_D および x_W については，分離条件として最初に与えられることから，これらを既知として（5.25）式および（5.26）式より，D と W は次のように表される．

$$D = F \frac{x_F - x_W}{x_D - x_W} \tag{5.27}$$

x_F，x_D および x_W．
5.1.6項では，x は低沸点のmol分率のみを表すので，成分の番号を示す下付の「1」や「2」は省略し，これ以降，下付のアルファベットと数字は原料，塔頂，塔底および段の番号を示すものとする．

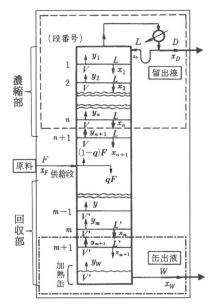

図5.7　段塔による連続蒸留における塔内の組成変化
[小島和夫他『入門 化学工学 改訂版』（培風館，1996）の図を改変]

$$W = F\frac{x_D - x_F}{x_D - x_W} \tag{5.28}$$

次に原料供給段であるが，塔内各段上の溶液の沸騰を妨げないため，原料も塔の中間段に沸騰状態で供給される．具体的な原料の供給状態としては，①沸騰状態の溶液（飽和液体），②溶液を沸騰・蒸発させた混合蒸気（飽和蒸気），③飽和液体と飽和蒸気の混相状態，のいずれかが考えられる．そのため，原料量 F は次式を用いて表される．

$$F = qF + (1-q)F \tag{5.29}$$

式中，q は原料 1 mol あたりの飽和液の割合であり，qF は飽和液体量 [kmol/h] を，$(1-q)F$ は飽和蒸気量 [kmol/h] を示す．

したがって，この qF と $(1-q)F$ の量によって，原料供給段よりも上側の濃縮部と下側の供給部では，上昇する蒸気量と下降する液量が異なることから，記号を変えて収支式を立てなければならない．そこで濃縮部の混合蒸気量を V [kmol/h]，溶液量を L [kmol/h]，一方，回収部の混合蒸気量を V' [kmol/h]，溶液量を L' [kmol/h] とすると，次式の関係が成立することになる．

$$L' = L + qF \quad (\because L - L' = -qF) \tag{5.30}$$
$$V = V' + (1-q)F \quad (\because V - V' = (1-q)F) \tag{5.31}$$

さて次に濃縮部の物質収支であるが，濃縮部では塔頂に近い段から順に 1 段，2 段，3 段，…，n 段，…と段に番号を振る．そこで図 5.7 中，塔頂と n 段と $n+1$ 段の間を囲む破線の領域の収支は次のように考えられる．すなわち，n 段には $n+1$ 段から上昇した V [kmol/h] の混合蒸気が流入し，n 段からは L [kmol/h] の溶液が下降し，また塔頂からの留出液量は D [kmol/h] であるから，収支式は次式で表される．

全物質収支式： $\quad V = L + D \tag{5.32}$

低沸点成分収支式： $\quad Vy_{n+1} = Lx_n + Dx_D \tag{5.33}$

式中，

$y_{n+1} = $（$n+1$ 段から上昇し，n 段に流入する混合蒸気中の低沸点成分の mol 分率）

$x_n = $（$n$ 段から下降する溶液中の低沸点成分の mol 分率）

であり，(5.33) 式を y_{n+1} について解くと次式が得られる．

$$y_{n+1} = \frac{L}{V}x_n + \frac{D}{V}x_D \tag{5.34}$$

この式は，濃縮部においては，y_{n+1} が x_n の一次式で表現されることを示しており，(5.34) 式を用いて描かれる直線を**濃縮部の操作線**（enriching line）と呼ぶ．濃縮部の操作線の概略を図 5.8 に示すが，図のように，濃縮部の操作線は，$x_n = x_D$ のとき $y_{n+1} = x_D$ であるから，図中の対角線上の d 点（$x = x_D$, $y = x_D$）を通り，傾きが L/V，切片が $(D/V)x_D$ の直線であることが分かる．

なお還流比 R を用いると，濃縮部を下降する溶液量 L は (5.24) 式より，

$$R = \frac{L}{D}$$

$$\therefore L = DR \tag{5.24}'$$

これを (5.32) 式に代入すると，濃縮部を上昇する混合蒸気量 V は，

$$V = DR + D = (R+1)D \tag{5.32}'$$

であり，また，$L/V = R/(R+1)$ となるので，(5.34) 式は還流比を用いると次

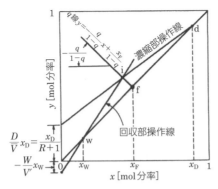

図 5.8 濃縮部・回収部操作線と q 線
[小島和夫他『入門 化学工学 改訂版』(培風館, 1996) の図を改変]

のように表すこともできる.

$$y_{n+1} = \frac{R}{R+1}x_n + \frac{x_D}{R+1} \tag{5.35}$$

最後に回収部の物質収支であるが，回収部では原料供給段を1段目として，以下順に塔底に向かって段に番号を振る．ここで，塔底と，m 段と $m+1$ 段の間を囲む一点鎖線の領域（図 5.7）についての収支を考えると，$m+1$ 段には m 段から下降した L' [kmol/h] の溶液が流入し，$m+1$ 段からは V' [kmol/h] の混合蒸気が上昇し，一方，塔底からの缶出液量は W [kmol/h] であるから，その収支式は次式のように与えられる．

全物質収支式：　　　$L' = V' + W$ (5.36)
低沸点成分収支式：　$L' x_m = V' y_{m+1} + W x_W$ (5.37)

式中,

$x_m = (m$ 段から下降し，$m+1$ 段に流入する溶液中の低沸点成分の mol 分率$)$
$y_{m+1} = (m+1$ 段から上昇する混合蒸気中の低沸点成分の mol 分率$)$

である．そこで，(5.37) 式を y_{m+1} について解くと

$$y_{m+1} = \frac{L'}{V'} x_m - \frac{W}{V'} x_W \tag{5.38}$$

を得る．この (5.38) 式は，**回収部の操作線**（stripping line）を表す式であり，回収部においても，y_{m+1} は x_m に対して直線関係にあることを示している．回収部の操作線の概略を図 5.8 に示すが，図のように，回収部の操作線は，$x_m = x_W$ のとき $y_{m+1} = x_W$ であるから，図中の対角線上の w 点 $(x = x_W, y = x_W)$ を通り，傾きが L'/V'，切片が $-(W/V') x_W$ の直線として与えられる.

d. 2つの操作線の交点

濃縮部と回収部の操作線は，図 5.8 に示すように i 点で交差する．この交点は濃縮部と回収部が交わる原料供給段を表しており，その座標 (x, y) を表す式は次のように導出できる．すなわち，2つの操作線の交点である i 点では，$y = y_{n+1} = y_{m+1}$, $x = x_n = x_m$ が成立するので，この関係を (5.33) 式と (5.37) 式に代入し，(5.33) 式と (5.37) 式の和をとって式を整理すると,

$$(V - V')y = (L - L')x + Dx_D + Wx_W$$

が得られる．そこで，式中の $(V - V')$, $(L - L')$ および $(Dx_D + Wx_W)$ にそれぞれ (5.31) 式，(5.30) 式および (5.26) 式を適用することにより，次式が導

出される.

$$y = -\frac{q}{1-q}x + \frac{x_F}{1-q} \tag{5.39}$$

この式は，$x = x_F$ のとき $y = x_F$ であるから，図中の対角線上の f 点（$x = x_F$，$y = x_F$）を通り，傾きが $-q/(1-q)$，切片が $x_F/(1-q)$ の直線を表し，この直線上に交点 i が位置することを意味する．したがって，(5.39) 式によって描かれる直線は 2 つの操作線の交点の軌跡を表すことから，特にその直線を **q 線** と呼ぶ．また q 線の傾きや切片は，式中の原料 1 mol あたりの飽和液体の割合 q に依存し，原料の供給状態によって q 線は次のように変化する．

① 飽和液体：$q = 1$ であるから，その傾き $-q/(1-q)$ は無限大となるため，q 線は $x = x_F$ を通る垂直線.

② 飽和蒸気：$q = 0$ であるから，その傾き $-q/(1-q)$ は 0 となるため，q 線は $y = x_F$ を通る水平線.

③ 飽和液体と飽和蒸気の混相：$0 < q < 1$ であるから，q 線は垂直線と水平線の間の直線.

e. 操作線の引き方

蒸留塔の設計・開発には，次頁にて説明する理論段数の計算が必須となるが，その計算を行うためには，濃縮部と回収部の操作線を求めなければならない．そのために 2 成分溶液については，次のような手順を用いて 2 つの操作線を作図する方法がより簡便である．つまり，供給量 F [kmol/h]，組成 x_F と供給状態 q の原料を，留出液組成 x_D と缶出液組成 x_W に成分分離するとき，与えられた情報から，

① 操作変数である還流比 R を選定し，留出液量 D [kmol/h] を (5.27) 式から，缶出液量 W [kmol/h] を (5.28) 式から求め，濃縮部について，下降する溶液量 L [kmol/h] を (5.24)′ 式で，上昇する混合蒸気量 V [kmol/h] を (5.32)′ 式から算出する．また回収部については，下降する溶液量 L' [kmol/h] を (5.30) 式から，上昇する混合蒸気量 V' [kmol/h] については，(5.31) 式を V' について解いた次式を用いて，それぞれ計算する．

$$V' = V - (1-q)F \tag{5.31}'$$

② 濃縮部操作線を，d 点（$x = x_D$，$y = x_D$）と (5.35) 式の切片の座標（$x = 0$，$y = x_D/(R+1)$）を結ぶ直線として描く.

③ f 点（$x = x_F$，$y = x_F$）を基点として，$q = 1$ のときは垂直線を，$q = 0$ のときは水平線として，q 線を描く．また $0 < q < 1$ の場合は，q 線を f 点と (5.39) 式の切片の座標（$x = 0$，$y = x_F/(1-q)$）を結ぶ直線として作図する.

④ 濃縮部の操作線と q 線の交点 i を作図により決定する.

⑤ 回収部操作線を，i 点と w 点（$x = x_W$，$y = x_W$）を結ぶ直線として描く.

■**例題 5.4** エタノール 30.0 mol% と 1-プロパノール 70.0 mol% からなる 2 成分溶液を，100.0 kmol/h で段塔に供給し連続蒸留する．留出液として 97.0 mol% のエタノールを含む溶液を，缶出液としては 5.0 mol% のエタノールを含む溶液を得たい．次の問いに答えよ．

1. 留出液量と缶出液量を求めよ.

2. （還流比を5とし，原料の供給状態を$q=1$とする場合と，$q=1/2$とする場合について，濃縮部と回収部で下降する溶液量と上昇する混合蒸気量を計算せよ．）

3. 濃縮部と回収部の操作線の式を求めよ．

□**解**

1. 留出液量Dと缶出液量Wは，（5.27）式と（5.28）式からそれぞれ求められる．つまり，$x_F=0.300$ mol分率，$x_D=0.970$ mol分率，$x_W=0.050$ mol分率および$F=100.0$ kmol/hを当該の式に代入すると，

$$D=\frac{100.0(0.300-0.050)}{0.970-0.050}=\frac{100.0\times0.250}{0.920}=27.2 \text{ kmol/h}$$

$$W=\frac{100.0(0.970-0.300)}{0.970-0.050}=\frac{100.0\times0.670}{0.920}=72.8 \text{ kmol/h}$$

2. まず濃縮部を下降する溶液量Lは（5.24）′式を用いて，$D=27.2$ kmol/h，$R=5$を代入して，

$$L=DR=27.2\times5=136.0 \text{ kmol/h}$$

次に濃縮部を上昇する混合蒸気量Vは（5.32）′式を用いて，

$$V=(R+1)D=(5+1)27.2=163.2 \text{ kmol/h}$$

一方，原料の供給状態を表すqを既知として，回収部を下降する溶液量L'と上昇する混合蒸気量V'は，（5.30）式と（5.31）′式に$F=100.0$ kmol/h，$L=136.0$ kmol/h，$V=163.2$ kmol/hを代入して，それぞれ次のように求められる．

$q=1$の場合：

$$L'=L+qF=136.0+1\times100.0=236.0 \text{ kmol/h}$$

$$V'=V-(1-q)F=V=163.2 \text{ kmol/h}$$

$q=1/2$の場合：

$$L'=L+qF=136.0+(1/2)\times100.0=186.0 \text{ kmol/h}$$

$$V'=V-(1-q)F=163.2-\{1-(1/2)\}100.0=113.2 \text{ kmol/h}$$

3. 濃縮部の操作線は（5.34）式により（（5.35）式を用いることもできる），回収部の操作線は（5.38）式を用いて表される．つまり，**1.** と **2.** の解を（5.34）式と（5.38）式に代入すると次式が得られる．

$q=1$の場合：

$$y_{n+1}=\frac{L}{V}x_n+\frac{D}{V}x_D=\frac{136.0}{163.2}x_n+\frac{27.2}{163.2}0.970=0.8333x_n+0.1617$$

$$y_{m+1}=\frac{L'}{V'}x_m-\frac{W}{V'}x_W=\frac{236.0}{163.2}x_m-\frac{72.8}{163.2}0.050=1.4461x_m-0.0223$$

$q=1/2$の場合：

$$y_{n+1}=\frac{L}{V}x_n+\frac{D}{V}x_D=0.8333x_n+0.1617$$

$$y_{m+1}=\frac{L'}{V'}x_m-\frac{W}{V'}x_W=\frac{186.0}{113.2}x_m-\frac{72.8}{113.2}0.050=1.643x_m-0.0321 \quad □$$

f. マッケーブ-シーレ（McCabe-Thiele）法による理論段数の計算

段塔を用いた連続蒸留による溶液の成分分離を検討するとき，要求される分離条件を満足するための段塔を設計・開発するためには，「塔内の段数を何段にすべきか」，また，「還流比をいくつに選定すべきか」という問題を解決しなければならない．その方法が理論段数の計算である．つまり，**理論段数**（number of theoretial plates）とは次の仮定条件のもと，分離対象とする溶液の気液平衡データと操作線を用いて計算される分離に必要な連続蒸留塔の段数である．

① 蒸留塔は完全に断熱されており，熱損失はない．
② 各段上で沸騰している溶液は位置によらず均一で組成分布はなく，かつ，その溶液から蒸発する混合蒸気とは平衡状態にある．これは，n 段上の溶液の組成 x_n と混合蒸気の組成 y_n が必ず x-y 曲線上にあることを意味する．
③ 塔内を上昇する混合蒸気と下降する溶液の量はともに，いずれの段でも一定である．すなわち，濃縮部：L, $V = $ 一定，回収部：L', $V' = $ 一定．

この理論段数を図解法で求める方法が**マッケーブ-シーレ法**[18]であり，具体的には，濃縮部と回収部の2つの操作線と ***x-y* 曲線**を利用して，塔内の組成変化を順次定めていくことで，理論段数が計算できるのである．以下，マッケーブ-シーレ法による理論段数の計算手順を，図5.9を例にして説明する．

いま原料について，

供給量 $= F$ [kmol/h], 組成 $= x_F$ [mol 分率]

の情報が与えられ，その分離条件として，

留出液組成 $= x_D$ [mol 分率], 缶出液組成 $= x_W$ [mol 分率]

が設定され，操作変数として，

還流比 R, 原料の供給状態 q （図5.9では，$q=1$）

***x-y* 曲線**
本項では，気液平衡状態にある溶液と混合蒸気中の低沸点成分組成としているので，以降，x_1-y_1 曲線を x-y 曲線と記し，x および y に下付で付す数字は段の番号を表すことに注意してほしい．

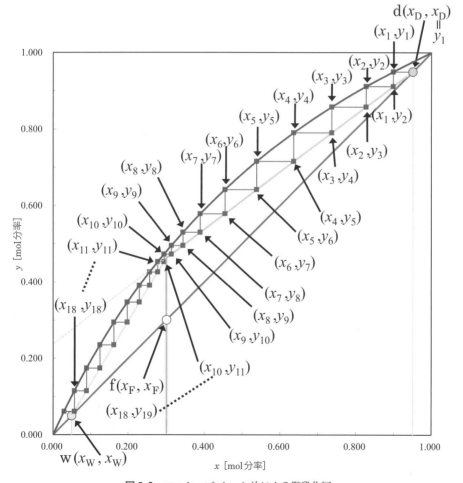

図5.9 マッケーブ-シーレ法による階段作図

を選定すると，q 線と 2 つの操作線が作図できる．この図に分離対象とする溶液の **x-y 曲線を加筆**し，図中の d 点（留出液組成 x_D）を始点として，x-y 曲線と操作線の間で水平線と垂直線からなる階段作図を，w 点（缶出液組成 x_W）を終点として，図 5.9 のように w 点を水平線が越えるまで行う（図では 19 本目の水平線まで）．その際，1 段目から蒸発し塔頂を通過する混合蒸気は，**すべて凝縮器によって凝縮させる**ので，その蒸気組成は $y_1 = x_D$ であり，この混合蒸気と 1 段目上の溶液は平衡であるとするので，その液組成 x_1 は x-y 曲線から読み取ることができる．次の 2 段目からの蒸気組成 y_2 は，点 (x_1, y_1) から引いた**垂直線と濃縮部操作線との交点**として求められる．y_2 が定まると，この蒸気と 2 段目上の溶液は平衡にあることから，点 (x_1, y_2) から引いた水平線と x-y 曲線の交点の液組成が x_2 である．以下順次，段番号 n を 2, 3, 4, … と変化させて階段作図を行う．ただし図 5.9 に示すように，作図による水平線が 2 つの操作線の交点 i を越えたならば（図では 10 本目の水平線で），操作線を**濃縮部から回収部に切り替えて**，階段作図を続行する．

以上の作図により，蒸留塔内の組成変化が求められ，その結果，x-y 曲線上に作図した点の数（これを**ステップ数**と呼ぶ）から，理論段数 N は次式で求められる．

N = ステップ数 − 1 　　　　　　　　　　　　　　　　　　(5.40)

式中の「−1」は加熱缶も 1 段の理論段としてステップ数に含まれているため，その数を引く必要があることを意味する．また原料供給段は塔頂から数えて，2 つの操作線の交点 i を越えた段とする．

なお図 5.10 に示すように，w 点が都合良く階段作図の垂直線上になく，n 段から $n+1$ 段への水平線上にある場合には，ステップ数の端数を (5.41) 式により求める．つまりステップ数は n 段に端数をプラスするので，$n + j/k$ 段と計算される．

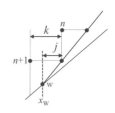

図 5.10　ステップ数の端数の計算

$$\text{ステップ数の端数} = \frac{n \text{ 段から w 点までの水平線の長さ } j}{n \text{ 段から } n+1 \text{ 段への水平線の長さ } k} \quad (5.41)$$

よって，図 5.9 では 19 ($= n+1$) 段目で w 点を越えており，ステップ数の端数 j/k は 0.2 であるので，ステップ数 = 18 + 0.2 = 18.2 段より，理論段数は $N = 18.2 − 1 = 17.2$ 段であり，また原料供給段は 10 段である．

■例題 5.5
エタノール 30.0 mol% と 1-プロパノール 70.0 mol% からなる 2 成分溶液を，100.0 kmol/h で段塔に供給し，例題 5.4 の分離条件で連続蒸留する．溶液は理想溶液とし，その平均相対揮発度は 2.08 とし，原料は沸騰状態の溶液として供給し，還流比を 5 とするとき，分離に必要な理論段数と原料供給段を求めよ．ただし，蒸留は全圧 101.3 kPa 一定で行われるものとする．

□**解**　原料供給量 $F = 100.0$ kmol/h，低沸点成分組成 $x_F = 0.300$ mol 分率の 2 成分理想溶液を，原料の供給状態を $q = 1$ かつ還流比は $R = 5$ として，留出液組成 $x_D = 0.970$ mol 分率，缶出液組成 $x_W = 0.050$ mol 分率まで成分分離する．この分離条件および操作変数のとき，留出液量 D および缶出液量 W は例題 5.4 の解より，$D = 27.2$ kmol/h，缶出液量は $W = 72.8$ kmol/h，また，

<hr>

余白注釈:

x-y 曲線を加筆
　x-y 曲線を先に作図することも可能．

すべて凝縮器によって凝縮させる
　このとき使用される凝縮器を全縮器と呼ぶ．

垂直線と濃縮部操作線との交点
　濃縮部操作線上の点であるから，(5.35) 式中の段数 n を 1 とした $y_2 = (R/(R+1))x_1 + x_D/(R+1)$ で y_2 が求められ，以下同様に，$n = 2, 3, \cdots$ として，$y_3, y_4, \cdots$ が計算できる．

濃縮部から回収部に切り替えて
　操作線の式も (5.35) 式から (5.38) 式に変更する．

濃縮部： 溶液量 $L=136.0$ kmol/h，蒸気量 $V=163.2$ kmol/h
回収部： 溶液量 $L'=236.0$ kmol/h，蒸気量 $V'=V$

であり，濃縮部および回収部の操作線の式は次のようである．

濃縮部操作線： $y_{n+1}=0.8333\,x_n+0.1617$
回収部操作線： $y_{m+1}=1.4461\,x_m-0.0223$

また q 線は $q=1$ であるから，その傾き $-q/(1-q)$ は無限大であるので，q 線は $x=x_F$ を通る垂直線として描かれる．

そこで，この成分分離に必要な理論段数をマッケーブ–シーレ法を用いて求めるために，まずエタノール＋1-プロパノール系の全圧 101.3 kPa における x-y 曲線を作図する．本系の x-y 曲線については，例題 5.2 に示したように，エタノール＋1-プロパノール系が理想溶液であることから，その平均相対揮発度 $\alpha_{av}=2.08$ から **(5.7) 式を用いて求められる**（表 5.2 参照）．次に d 点（$x=x_D$, $y=x_D$）を基点として濃縮部操作線の切片（0, $0.1617=x_D/(D+1)$）を結べば，この直線が濃縮部操作線であり，f 点（$x=x_F$, $y=x_F$）を基点として q 線（垂直線）を描き，濃縮部操作線と q 線の交点として i 点を求めて，i 点と w 点（$x=x_W$, $y=x_W$）を結ぶことにより，回収部操作が作図できる．

その後，図中の d 点を始点として，x-y 曲線と操作線の間で水平線と垂直線か

(5.7) 式を用いて求められる

理想溶液であるから，例題 5.1 のように (5.4) 式または (5.5) 式の気液平衡式を用いた計算も可能であるが，マッケーブ–シーレ法では平衡温度の計算は必要ないので，この例題では平均相対揮発度を用いる方法を採用する．

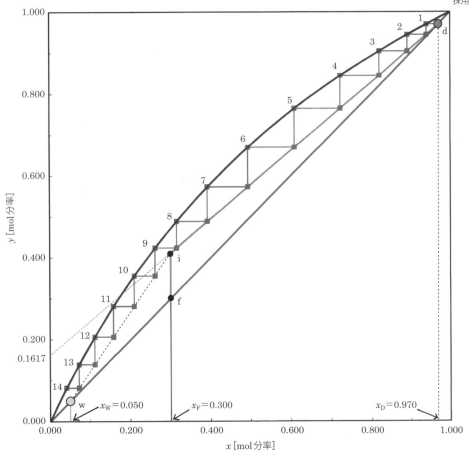

図 5.11 エタノール＋1-プロパノール系の x-y 線図（101.3 kPa）と
2 つの操作線およびマッケーブ–シーレ法による階段作図

らなる階段作図を，w点を水平線が越えるまで行う．ただし階段作図が交点iを越えたならば，操作線を濃縮部から回収部に切り替える．階段作図の結果を図5.11に示すが，図のようにx-y曲線上に作図した点の数，つまり，ステップ数は13.7段であるので（端数0.7は，(5.41)式より算出），理論段数Nは(5.40)式より，N=ステップ数-1=12.7段と求められる．

また原料供給段は塔頂から数えてi点を越えた段であるから，その段番号は図より，9段である．□

g. 還流比と理論段数の関係―最小理論段数と最小還流比―

組成x_Fの2成分溶液を連続蒸留して，組成x_Dの留出液と組成x_Wの缶出液に分離するとき，(5.35)式が示すように，還流比Rを変えると濃縮部操作線の傾きが変わるため，分離に必要な理論段数Nも変化する．つまり，$R=\infty$とする全還流下（留出液量$D=0$）において，操作線の傾き$R/(R+1)$は1，切片$x_D/(R+1)$は0である．これは操作線が対角線と一致することを意味するので，全還流における操作線は次式で与えられる．

$$y_{n+1}=x_n \tag{5.42}$$

このとき理論段数は最小であるので，この段数を**最小理論段数**（minimum theoretical number of plates）$N_{\min}$という．したがって，この$N_{\min}$は分離対象とする溶液のx-y曲線と対角線との間で階段作図を行うことにより求められるが，理想溶液については，次の**フェンスキ**（Fenske）**の式**[19]で$N_{\min}$は計算できる．

$$N_{\min}+1=\frac{\ln\left(\dfrac{x_D}{1-x_D}\cdot\dfrac{1-x_W}{x_W}\right)}{\ln\alpha_{\mathrm{av}}} \tag{5.43}$$

(5.43)式
　この式は，理想溶液の液相組成xと気相組成yの関係を，平均相対揮発度α_{av}を用いて表す(5.7)式と(5.42)式の関係を組み合わせることによって導出される．

式中，α_{av}は理想溶液の平均相対揮発度である．

一方，還流比を無限大とは逆に小さくしていくと，2つの操作線の交点iはq線とx-y曲線との交点cに向かってq線上を移動する．このとき，c点に近づくほど理論段数は増加し，やがてc点に達すると，図5.12に示すように，濃縮部操作線cdとx-y曲線の間で階段作図を何回行っても，c点を越えることはできないため，理論段数は無限段と考える．このときの還流比を**最小還流比**（minimum reflux ratio）$R_{\min}$と呼び，蒸留による成分分離を行う場合には，$R_{\min}$よりも大きな還流比を採用しなければならない．

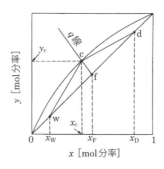

図5.12　最小還流比の考え方

さて，この$R_{\min}$の算出方法であるが，c点の座標を(x_c, y_c)とすると，この座標を図から読み取れば，濃縮部操作線の傾きは，この場合，$R_{\min}/(R_{\min}+1)$であるから，次の関係から，$R_{\min}$が求められる．

$$\frac{R_{\min}}{R_{\min}+1}=\frac{x_D-y_c}{x_D-x_c}$$

$$\therefore R_{\min}=\frac{x_D-y_c}{y_c-x_c} \tag{5.44}$$

なお理想溶液を分離対象とするときには，x-y曲線は平均相対揮発度α_{av}を用い

て（5.7）式で表されることから，（5.39）式と（5.7）式を連立して解くことにより，c 点の座標（x_c, y_c）が次式で求められので，その x_c と y_c から直ちに R_{min} が計算できる．

$$q=1： \quad x_c=x_F$$

$$\therefore y_c=\frac{\alpha_{av} x_c}{1+(\alpha_{av}-1)x_c} \tag{5.45}$$

$$q=0： \quad y_c=x_F$$

$$\therefore x_c=\frac{y_c}{\alpha_{av}-(\alpha_{av}-1)y_c} \tag{5.46}$$

$$0<q<1： \quad x_c=\frac{-b+\sqrt{b^2-4ac}}{2a} \tag{5.47}$$

$$a=(\alpha_{av}-1)q, \quad b=(\alpha_{av}-1)(1-q-x_F)+1, \quad c=-x_F$$

$$y_c=\frac{\alpha_{av} x_c}{1+(\alpha_{av}-1)x_c} \tag{5.45}$$

■**例題 5.6** エタノール 30.0 mol% と 1-プロパノール 70.0 mol% からなる 2 成分溶液を例題 5.5 と同条件で連続蒸留するとき，次の値を求めよ．ただし，平均相対揮発度 α_{av} は 2.08 を用いよ．

1. 最小理論段数
2. 最小還流比
3. 還流比を 4, 6, 8, 10, 15, 20 としたときの理論段数

□**解**

1. 最小理論段数

理想溶液であるエタノール＋1-プロパノール系については，最小理論段数 N_{min} の計算は（5.43）式を用いて行うことができる．つまり，$x_D=0.970$ mol 分率，$x_W=0.050$ mol 分率，$\alpha_{av}=2.08$ を（5.43）式に代入して，

$$N_{min}+1=\frac{\ln\left(\frac{0.970}{1-0.970}\cdot\frac{1-0.050}{0.050}\right)}{\ln 2.08}=\frac{\ln\left(\frac{0.970}{0.030}\cdot\frac{0.950}{0.050}\right)}{0.732}$$

$$=\frac{\ln(614)}{0.732}=\frac{6.42}{0.732}=8.8$$

よって，$N_{min}=7.8$ である．

2. 最小還流比

最小還流比 R_{min} は（5.44）式から求められる．式中，$x_D=0.970$ mol 分率であり，x_c および y_c は，理想溶液かつ $q=1$ の場合，$x_c=x_F$ であり，y_c は（5.45）式より，$\alpha_{av}=2.08$ を用いて，

$$x_c=x_F=0.300 \text{ mol 分率}$$

$$y_c=\frac{2.08\times0.300}{1+(2.08-1)\times0.300}=\frac{0.624}{1.324}=0.4713 \text{ mol 分率}$$

よって，R_{min} は次のように求められる．

$$R_{min}=\frac{0.970-0.4713}{0.4713-0.300}=\frac{0.499}{0.171}=2.92$$

3. 還流比 R を 4, 6, 8, 10, 15, 20 と変化させて，マッケーブ–シーレ法を用いて例題 5.5 と同様に理論段数 N を求めると，表 5.5 のような結果が得られる． □

表 5.5　還流比と理論段数の計算結果

R	2.92	4	6	8	10	15	20	∞
N	∞	15.0	11.5	10.4	9.8	9.0	8.7	7.8

以上のように，理論段数 N は還流比 R に応じて，無限段から最小理論段数まで変化する．例えば，例題 5.6 の 3. における N を R に対してプロットすると，図 5.13 のようであり，R に応じて N は ∞ から $N_{\min}$ までの値をとり，$N=\infty$ のときの R が $R_{\min}$ である．この関係は，溶液の種類や分離条件によっても異なるが，理想溶液については，溶液の種類や分離条件によらず成立する**理論段数と還流比の相関式**として，ギリランド（Gilliland）の実測データに基づく相関を式化した次の平田の式[20]が知られている．

$$\log \frac{N-N_{\min}}{N+2} = -0.9\left(\frac{R-R_{\min}}{R+1}\right) - 0.17 \tag{5.48}$$

ただし，(5.48) 式の適用範囲は $(R-R_{\min})/(R+1) < 0.7$ である．

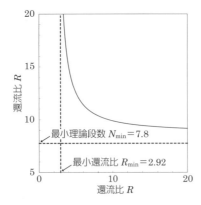

図 5.13　分離に必要な理論段数と還流比の関係

■**例題 5.7**　例題 5.5 で求めた理論段数を，(5.48) 式を用いて計算せよ．
□**解**　理想溶液について使用できる (5.48) 式を用いて，例題 5.5 と同条件で理論段数 N を計算すると，例題 5.6 の解より，最小理論段数 $N_{\min}=7.8$，最小還流比 $R_{\min}=2.92$ であるから，還流比 $R=5$ においては，

$$\log \frac{N-7.8}{N+2} = -0.9\left(\frac{5-2.92}{5+1}\right) - 0.17 = -0.9 \times 0.347 - 0.17 = -0.48$$

$$\frac{N-7.8}{N+2} = 10^{-0.48} = 0.331 \quad \therefore N - 7.8 = 0.331(N+2)$$

よって理論段数は，

$$N = \frac{0.331 \times 2 + 7.8}{1-0.331} = \frac{8.5}{0.669} = 12.7 \text{ 段} \quad \square$$

h. 最適な還流比

組成 x_F の 2 成分溶液を連続蒸留して，組成 x_D の留出液と組成 x_W の缶出液に成分分離するとき，還流比 R と理論段数 N の関係は図 5.13 に示すように，$R_{\min}$ の近傍では，N は大きく変化し，また，$N_{\min}$ の近傍では，R は大きく変化する傾向を示す．このような領域は，蒸留塔を操作・運転する上では不安定領域とな

る.

したがって，安定な操作・運転を行うためには，この領域を除いた範囲内で，かつ経済的に最も有利な還流比を，最適な還流比として定める必要がある．なお，一般的には**最適な還流比**として，最小還流比 R_{min} の 1.5〜2.0 の値が選定されている[21].

i. 蒸留塔の効率

理論段数は前述の 3 つの仮定を満足するものとして求められた段数であるが，この段数で実際に蒸留を行っても，要求される分離条件を達成することはできない．これは，段上の溶液から蒸発する混合蒸気が必ずしも平衡とならないまま段を離れてしまうなど，現実の蒸留塔ではこれらの仮定を満たしていないことが原因となる．そのため実際に成分分離に必要とされる段数は，理論段数よりも多く必要であり，この実際の段数 N_a と理論段数 N の比を**総括塔効率**（overall tower efficiency）E と呼び，次式で定義される．

$$E = \frac{N}{N_a} \tag{5.49}$$

この総括塔効率は塔全体の平均の効率を表すが，段の種類や構造，分離対象とする溶液の物性，蒸留操作の違いによっても変化するため，その値の決定は複雑である．しかし，その値はおおよそ 0.5〜0.8 の値をとるとされている[22]．したがって，使用される蒸留塔の総括塔効率が既知であれば，理論段数の計算を行うことで，実際に必要な段数 N_a が次式で求められる．

$$N_a = \frac{N}{E} \tag{5.50}$$

j. 蒸留塔の高さと内径

総括塔効率を用いて，実際の成分分離に必要な段数が計算できると，**段間隔**（tray spacing）Z_t [m] を設定できれば，段塔の高さ，すなわち塔高 Z [m] が，$Z = (N_a \times Z_t)$ により求められることになる．しかし実際の化学プロセスで用いられている段塔の段間隔は 0.20〜1.20 m 程度と様々であり，一般に多用されている Z_t は 0.30〜0.60 m であり，石油精製プロセスでは 0.45〜0.60 m，段数の多い塔について 0.30〜0.45 m といわれている[23]．また Z_t は塔の内径 D [m] を小さくすると大きくなり，逆に D を大きくすると Z_t は小さくすることができる，いわゆるトレードオフの関係にあり，同一条件の段塔ではおおよそ次の関係が成立する[23].

$$D\sqrt{Z_t} = \text{一定} \quad (Z_t = 0.45〜0.80 \text{ m}) \tag{5.51}$$

したがって段間隔は，その用途と塔内での作業性に加えて，塔内径との関係で経済性が最も高くなるように決定する必要がある．すなわち，内径の小さい段塔に大量の原料を供給して成分分離を行うことができれば，より安い建設コストで大量に製品を生産できるので，経済的に有利である．しかし大量の原料を蒸留しようとすれば，塔内を上昇する蒸気量が大きくなり，これは蒸気速度が高くなることを意味する．この蒸気速度については段塔ごとに限界値が存在し，これを**許容蒸気速度**（allowable vapor velocity）という．この許容蒸気速度を超えて，蒸気速度をきわめて大きくすると，上昇する混合蒸気によって，段上の溶液がその上の段まで飛ばされる**飛沫同伴**（entrainment）と呼ばれる現象が生じる．飛沫同伴が起こると，段上での低沸点成分の濃縮が阻害されてしまうため，飛沫同伴

段間隔
　段塔における段と段の間の距離

が生じないように，許容蒸気速度以下の速度で蒸留を行わなければならない.

また蒸気速度が高くとも段間隔が広ければ飛沫同伴は起きにくくなることから，許容蒸気速度は段間隔にも依存して決定される. いま段塔中を上昇する混合蒸気の体積流量を V_v [m³/s]，許容蒸気速度を u_A [m/s]，塔の断面積を A [m²] とすると，段面積は塔内径 D [m] を既知として，$A=\pi D^2/4$ で計算されるので，許容蒸気速度は次式で表される.

$$u_A = \frac{V_v}{A} = \frac{V_v}{\pi D^2/4} \qquad (5.52)$$

したがって許容蒸気速度 u_A が与えられれば，次の（5.53）式を用いて混合蒸気の体積流量 V_v における塔内径が求められる.

$$D = \sqrt{\frac{4}{\pi}\frac{V_v}{u_A}} \qquad (5.53)$$

なお段塔の許容蒸気速度については，次の計算式が提案されている[24].

$$u_A = C_S \sqrt{\frac{\rho_L - \rho_G}{\rho_G}} \qquad (5.54)$$

式中の ρ_L および ρ_G は，段塔内の平均温度・圧力における溶液と混合蒸気の密度 [kg/m³]，C_s [m/s] は段の構造と段間隔に依存して定められる定数であり，その詳細については専門書や便覧を参照してほしい[24,25].

■**例題5.8** エタノール 30.0 mol% と 1-プロパノール 70.0 mol% からなる 2 成分溶液を例題 5.5 と同条件で連続蒸留するとき，段塔の内径 D [m] を求めよ. ただし蒸留は全圧 101.3 kPa 一定で行われ，塔内の平均温度における溶液の密度は 740.5 kg/m³，混合蒸気の密度は 1.8 kg/m³，C_s は 0.0500 m/s とすること.

□**解** まず塔内を上昇する混合蒸気量を，体積流量 V_v [m³/s] として求める. 本例題では原料を沸騰状態の溶液として供給することから，混合蒸気量を kmol/h として取り扱う場合には濃縮部でも回収部でも同量であり，例題 5.4 の解より，$V=V'=163.2$ kmol/h である. この 163.2 kmol/h を，混合蒸気を理想気体混合物として体積流量 V_v [m³/s] に換算する必要があるが，その際に蒸気温度が必要となる. この蒸気温度には段塔内の平均温度を用いることとし，本例題では，この温度を塔頂の混合蒸気の温度と塔底の缶出液の温度の平均値として求める.

そこでまず，塔頂の混合蒸気の温度を算出する. この混合蒸気の組成は留出液の組成と等しく，$y_1 = x_D = y_{1,エタノール} = 0.970$ mol 分率（1-プロパノールの組成は，$y_{1,プロパノール} = 0.030$ mol 分率）であり，かつ，この蒸気は 1 段目上の溶液と平衡状態にあるから，その温度は**平衡温度**として求められる. すなわち，1 段目上の溶液の組成を $x_{1,エタノール}$，$x_{1,プロパノール}$ とすると，エタノール＋1-プロパノール系は理想溶液であるから，気液平衡式である（5.1a）式と（5.1b）式より，$x_{1,エタノール}$，$x_{1,プロパノール}$ が，次式で表される.

$$x_{1,エタノール} = \frac{P y_{1,エタノール}}{P^S_{エタノール}} \qquad ①$$

$$x_{1,プロパノール} = \frac{P y_{1,プロパノール}}{P^S_{プロパノール}} \qquad ②$$

そこで式①と②を（5.2a）式に代入すると，露点を求めるための平衡式として式③が得られる.

平衡温度
　この場合，気相組成 y_1 を与えて，平衡温度を算出するので，露点を求める露点計算を行うことになる.

$$\frac{Py_{1,エタノール}}{P^{\mathrm{S}}_{エタノール}} + \frac{Py_{1,プロパノール}}{P^{\mathrm{S}}_{プロパノール}} = \frac{Py_{1,エタノール}}{P^{\mathrm{S}}_{エタノール}} + \frac{P(1-y_{1,エタノール})}{P^{\mathrm{S}}_{プロパノール}} = 1 \qquad ③$$

よって，全圧 $P=101.3\,\mathrm{kPa}$，$y_{1,エタノール}=0.970\,\mathrm{mol}$ 分率において，次の $\varDelta$ が0となる温度 T を試行法により求めると（つまり露点計算を行うと），

$$\varDelta = 1 - \frac{Py_{1,エタノール}}{P^{\mathrm{S}}_{エタノール}} - \frac{P(1-y_{1,エタノール})}{P^{\mathrm{S}}_{プロパノール}}$$

$T=352.28\,\mathrm{K}$ において，

$$\varDelta = 1 - \frac{101.3\times0.970}{104.77} - \frac{101.3\times0.030}{48.983} = 1-0.938-0.062=0$$

となるので，求める露点は $352.28\,\mathrm{K}$ であるから，これを塔頂温度とする.

　一方，缶出液の組成は，$x_{\mathrm{W},エタノール}=0.950\,\mathrm{mol}$ 分率（1-プロパノールの組成は，$x_{\mathrm{W},プロパノール}=0.050\,\mathrm{mol}$ 分率）であるから，例題 5.1 を参考にして，全圧 $P=101.3\,\mathrm{kPa}$，$x_{\mathrm{W},エタノール}=0.950\,\mathrm{mol}$ 分率において，平衡式（5.4）を基礎とする次の $\varDelta$ が0となる温度 T を試行法により求めると（沸点を求める沸点計算を行う），

$$\varDelta = 1 - \frac{x_{\mathrm{W},エタノール}P^{\mathrm{S}}_{エタノール}}{P} - \frac{(1-x_{\mathrm{W},エタノール})P^{\mathrm{S}}_{プロパノール}}{P}$$

$T=368.90\,\mathrm{K}$ において，

$$\varDelta = 1 - \frac{0.050\times194.95}{101.3} - \frac{0.950\times96.372}{101.3} = 1-0.096-0.904=0$$

を得るので，求める沸点は $368.90\,\mathrm{K}$ であるから，これを塔底温度とする.

　その結果，塔内の平均温度は $360.59\,\mathrm{K}(=(352.28+368.90)/2)$ であり，塔内を上昇する混合蒸気の体積流量 $[\mathrm{m^3/s}]$ は次のように求められる.

$$V_{\mathrm{v}} = \frac{(163.2/3600)\times8.314\times360.59}{101.3} = 1.342\,\mathrm{m^3/s}$$

次に許容蒸気速度 $u_{\mathrm{A}}[\mathrm{m/s}]$ を（5.54）式から計算すると，$C_{\mathrm{s}}=0.0500\,\mathrm{m/s}$，$\rho_{\mathrm{L}}=740.5\,\mathrm{kg/m^3}$，$\rho_{\mathrm{G}}=1.8\,\mathrm{kg/m^3}$ を代入して

$$u_{\mathrm{A}} = 0.0500\times\sqrt{\frac{740.5-1.8}{1.8}} = 0.0500\sqrt{410} = 0.0500\times20.2 = 1.010\,\mathrm{m/s}$$

であるから，結局，この段塔の内径 D は（5.53）式から次のように求められる.

$$D = \sqrt{\frac{4}{3.14}\frac{1.342}{1.010}} = 1.301\,\mathrm{m} \quad \square$$

5.2 ガ ス 吸 収

　ガス吸収（gas absorption）は，混合ガス中の可溶成分を吸収液に溶解させることによる分離・回収や，有害成分や不純物の除去など気体の精製に利用されている．例えば，火力発電所から排出されるガスの中には，石油や石炭などの化石燃料を燃焼させた際に生じる硫黄化合物（SO_x）や窒素酸化物（NO_x）が含まれているだけでなく，一酸化炭素（CO）や二酸化炭素（CO_2）なども同時に発生する．また，採掘される天然ガスの中には，メタンやエタンといった軽質炭化水素など可燃性ガスの他，硫化水素（H_2S）や CO_2 などの不燃性ガスも含まれる．都市ガスとして利用するためには，CO_2 や H_2S といった不燃性ガスを取り除いておく必要がある．これらのガスを精製するために，例えば，アミン水溶液を利用した**化学吸収**（chemical absorption）**法**やグリコールエーテルを利用した**物理**

吸収（physical absorption）**法**が実用化されている．どちらの方法も，気体の液体に対する溶解度の違いを利用した成分分離法である．吸収液を繰り返し使用するとき，吸収された気体を取り出して利用したい場合，吸収液を加熱もしくは減圧するなどして吸収された気体を追い出す．この操作は**放散**（stripping）と呼ばれ，吸収とは逆の操作になる．

5.2.1 ガスの溶解度

純溶質ガスもしくは溶質ガスと**同伴ガス**（entrained gas）からなる混合ガスを，密閉容器内で溶媒である吸収液と温度一定下で接触させると，溶質ガスは溶媒中に吸収されていき，最終的にこれ以上溶解しない状態（平衡状態）に到達する．このとき，溶媒中に溶解した溶質の濃度を液体に対する**ガスの溶解度**（gas solubility）という．ガスの溶解度は，液体とガスの組合せにより大きく異なる．例えば，1Lの水には，空気は約0.9L（うちCO_2は約0.3 cm³）しか溶解しないが，化学吸収液として広く知られているモノエタノールアミン水溶液1Lには，空気は約120 m³（うちCO_2は約40L）溶解する．アルカリ性のアミン水溶液や炭酸カリウム溶液などの吸収液を利用すれば，CO_2を選択的に吸収・分離することができる．

> 同伴ガス
> 　液体に吸収されないガス．

気体と液体間のガス成分の分配（気液平衡）は，気相側の分圧pと液相側の溶質濃度（溶解度）xで表されることが明らかにされている．これらの関係は，**ヘンリーの法則**（Henry's law）と呼ばれており，次のように表される．

$$p = Hx \tag{5.55}$$

式中のH [kPa/mol]はヘンリー定数であり，溶質と溶媒の種類，温度によって決まる．ヘンリーの法則が成立するガスの水に対する溶解度（25℃）を図5.14に示す．気相中の溶質ガスの分圧pと液相中の溶質の溶解度xとの関係は，直線となる．

ヘンリー定数Hの値が小さいほど溶解度は大きく，溶媒によく溶けることを意味する．なお，ガス吸収プロセスの計算をする際は，液相同様に気相中のガス濃度もモル分率yを使って，次式のように扱うのが便利である．

$$y = mx \tag{5.56}$$

なお，溶質ガスの分圧p [kPa]は，全圧P [kPa]と溶質ガスのモル分率yとの積で与えられるので，$y = p/P$で換算でき，mは無次元のヘンリー定数である．ヘンリーの法則は，比較的溶解度が小さい気体や気体中の分圧が低い場合に成立

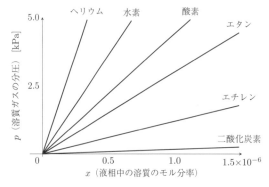

図5.14 ガスの水に対する溶解度（25℃）

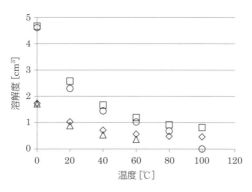

図5.15 ガスの溶解度の温度依存性

する．図5.15に示すとおり，一般に，ガスの溶解度は温度が上昇すると低下することが知られている．

5.2.2 吸収塔の設計と操作線

ガス吸収装置は，気体と液体との接触装置であり，蒸留塔によく似た段塔や充てん塔が用いられる場合が多い．

a. 段塔の場合

気液が向流接触するガス吸収塔（図5.16）を例に，物質収支を考える．溶質ガスと同伴ガスからなる混合ガス量を G [mol/(m²·s)]とし，吸収液量を L [mol/(m²·s)]とする．y, x はガスおよび液中における溶質のモル分率，下添字の1, 2を塔底，塔頂とすると，ガス吸収塔全体における溶質成分の物質収支は，次のようになる．

$$L_1 x_1 - L_2 x_2 = G_1 y_1 - G_2 y_2 \tag{5.57}$$

$(L_1 x_1 - L_2 x_2)$ は液相における溶質成分の増加量，$(G_1 y_1 - G_2 y_2)$ は気相における溶質成分の減少量であり，混合ガスが吸収液に吸収されたことにより，気相から液相に溶質成分が移動したことを意味する．段塔の中間部では，気液の組成を y, x とし，気液流量を G, L とすると，

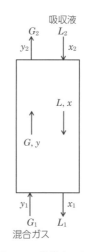

図5.16 段塔内におけるガスと液の流れ
1：塔底，2：塔頂

$$Lx - L_2 x_2 = Gy - G_2 y_2 \tag{5.58}$$

となる．

この吸収操作において吸収されるガスの濃度が薄く，気液の流量は G, L で一定とすると，(5.58)式は以下のようになる．

$$L(x_1 - x_2) = G(y_1 - y_2) \tag{5.59}$$
$$L(x - x_2) = G(y - y_2) \tag{5.60}$$

また，吸収されずに段塔内を通過する同伴ガス量を G' [mol/(m²·s)]とすると，同伴ガスのモル分率は $(1-y)$ なので，$G' = G(1-y)$ となる．同様に，純溶媒の量を L' [mol/(m²·s)]とすると，純溶媒のモル分率は $(1-x)$ なので，$L' = L(1-x)$ となり，塔頂，塔底ともに次式が成り立つ．

$$G' = G(1-y) = G_1(1-y_1) = G_2(1-y_2) \tag{5.61}$$

$$L' = L(1-x) = L_1(1-x_1) = L_2(1-x_2) \tag{5.62}$$

段塔内を通じて一定である同伴ガス量 G' と純溶媒量 L' から，吸収された溶質成分の量 N は次式で表される．

$$N = G'\left(\frac{y_1}{1-y_1} - \frac{y_2}{1-y_2}\right) = L'\left(\frac{x_1}{1-x_1} - \frac{x_2}{1-x_2}\right) \tag{5.63}$$

吸収塔の塔底と塔内のある位置において物質収支を考えると，次式が得られる．

$$G_1 y_1 - G y = L_1 x_1 - L x \tag{5.64}$$

$$G'\left(\frac{y_1}{1-y_1} - \frac{y}{1-y}\right) = L'\left(\frac{x_1}{1-x_1} - \frac{x}{1-x}\right) \tag{5.65}$$

ここで，

$$Y = \frac{y}{1-y}, \quad X = \frac{x}{1-x} \tag{5.66}$$

とすると，(5.65) 式は，以下のように書き改められる．

$$G'(Y_1 - Y) = L'(X_1 - X) \tag{5.67}$$

(5.65) 式もしくは (5.67) 式は，ガス吸収の操作線と呼ばれ，段塔内における混合ガス中の溶質成分組成 y もしくは Y と，吸収液中の溶質成分組成 x もしくは X の関係を示す．

図 5.17 に，吸収に必要な理論段数の求め方の概略図を示す．気液平衡図の x-y 図では曲線になるが，X-Y 図ではガス吸収の**操作線**（oprating line）は，(5.65) 式より傾き L/G の直線になる．

ガス中の溶質のモル分率 y と液中の溶質のモル分率 x とを $Y = y/(1-y)$ と $X = x/(1-x)$ に換算し，グラフにプロットする．塔底を 1，塔頂を 2 とし，(5.67) 式で表される操作線もプロットする．塔頂から塔底まで，操作線と平衡曲線との間における水平線と垂直線との階段作図を行い，理論段数を求める．

吸収塔内におけるガスの吸収量 $G(y_1 - y_2)$ に対し，吸収液量 L には下限があり，このときの液量を**最小液流量**（minimum liquid flow）L_{min} という．吸収液量 L を大きくすると溶質は吸収され，ガスの濃度 x_1 は低下する．一方，吸収液量 L を小さくするとガスの濃度 x_1 は増加する．

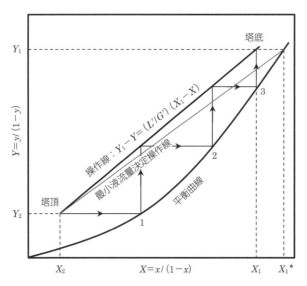

図 5.17　段塔における理論段数の求め方

$$G'(Y_1 - Y_2) = L_{\min}(X_1^* - X_2) \tag{5.68}$$

$$L_{\min} = G' \frac{Y_1 - Y_2}{X_1^* - X_2} \tag{5.69}$$

図 5.15 より Y_1 と X_1^* を求め，（5.69）式によって最小液流量 $L_{\min}$ を計算できる．

b. 充てん塔の場合

塔内に，気液接触を促進するため，単位体積あたりの表面積・空隙率の大きいラシヒリングなど**充てん物**（packing）を詰めた充てん塔によるガス吸収では，塔内の組成変化が連続的に起こる．したがって，充てん塔による連続ガス吸収では，分離に必要な充てん塔の高さを求める際，**総括移動単位数**（number of transfer unit）N_{OG} と **HTU**（height of transfer unit）H_{OG} を利用する．

$$H_{OG} = \frac{Z}{N_{OG}} \tag{5.70}$$

$$N_{OG} = \int_{Y_2}^{Y_1} \frac{dY}{Y - Y^*} \tag{5.71}$$

総括移動単位数 N_{OG} は，気液平衡に支配される濃度推進力に関わるものであり，N_{OG} が大きいと吸収速度が遅くなり，吸収塔の高さが高くなる．（5.70）式中の Z は充てん層の高さであり，N_{OG} が 1 のとき，H_{OG} は充てん層の高さと一致する．N_{OG} は（5.71）式で求められるが，図積分（数値積分）により求めることが多い．なお，（5.71）式で求められる N_{OG} はガス基準総括 NTU と呼ばれ，この NTU で求めた HTU をガス基準総括 HTU という．

充てん物の分離性能を示す HTU 値は，ガス吸収実験によって様々な充てん物について明らかにされている．ガス吸収に必要な充てん層の高さ Z は，既知な HTU に基づき，（5.71）式で NTU を計算することにより，（5.72）式で求めることができる．

$$Z = H_{OG} \cdot N_{OG} \tag{5.72}$$

5.2.3　化学反応をともなうガス吸収

石油や天然ガスの採掘・精製において，また，火力発電所などから排出される酸性ガスの除去など排ガス中に含まれる有害ガスの除去に，ガス吸収技術が広く用いられている．地球環境問題や省エネルギー化，未利用資源の活用などの観点から注目されている技術であり，国内外で開発競争が進んでいる．

現在，工業的に広く利用されているガス吸収液は，モノエタノールアミン（MEA）やジエタノールアミン（DEA）を主骨格とするアルカノールアミン類もしくはカリウムイオン（K^+）やナトリウムイオン（Na^+）を含む炭酸塩を利用したものであり，二酸化炭素（CO_2）や硫化水素（H_2S）などの酸性ガスと化学反応し，回収する．一例として，モノエタノールアミンによる二酸化炭素回収についての化学反応式を以下に示す．

$$2C_2H_5O\text{-}NH_2 + CO_2 \rightleftharpoons C_2H_5O\text{-}N^+H_3 + C_2H_5O\text{-}NHCOO^-$$

上記の化学反応式において，常温では右に反応が進み，二酸化炭素を吸収してアミン炭酸塩を生じる．一方，100～120℃に加熱すると，反応は左に進み，二酸化炭素を放出するとともに吸収液の再生が行われる．化学吸収の場合，ガス吸収液の再生にかかるエネルギー消費量を少なくすることが課題であり，回収した廃

熱や余剰なスチームを熱源として利用する場合が多い．

5.3 液液抽出

　液液抽出は，原料の混合物から特定の成分を分離するために，その成分と溶け合う液を加えて溶解させ，特定の成分を取り出す操作である．この操作は液体成分間の溶解度の差を利用する．液液抽出によりメタノールとベンゼンを分離する操作を例に図5.18を用いて説明すると，この系は共沸混合物であるので，通常の蒸留では分離することができない．そこで，メタノールには溶け合うが，ベンゼンには溶け合わない水を溶剤として選ぶ．原液であるメタノールとベンゼンの混合物に水を加えて十分に攪拌させたのちに静置する．メタノールは水に抽出されて，メタノール水溶液相とベンゼン相の2液相に分かれる．メタノール水溶液相から水を分離するために蒸留を行うとメタノールが得られて，メタノールとベンゼンとに分離することができるのである．

　液液抽出では原料中に含まれる目的成分を溶質（または抽質），溶質以外の成分を希釈剤，また，溶質を抽出するために用いる第3成分を溶剤（または抽剤）という．液液抽出による製品を抽出液，残液を抽残液という．

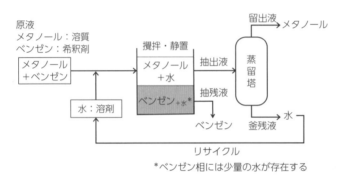

図5.18　液液抽出操作

5.3.1　液液平衡関係

　蒸留では成分の数が最低2つであったが，液液抽出では溶質，希釈剤，溶剤の少なくとも3つの成分を取り扱うので，3成分系の組成を図示するためには三角線図が用いられる．三角形の形は直角三角形，正三角形があるが，直角二等辺三角形を用いると，普通のグラフ用紙の目盛りが直接使用できて便利である．そこで，ここでは直角二等辺三角形の三角線図を用いることにする．

　図5.19に三角線図による3成分系の組成の表し方を示す．いま3成分系の成分をA, B, Cとし，その重量分率をそれぞれx_A, x_B, x_Cとすると，$x_A + x_B + x_C = 1$が成り立つので，例えばx_A, x_Cを指定すればx_Bは$x_B = 1 - x_A - x_C$で与えられる．

　以下ではAを溶質，Bを希釈剤，Cを溶剤として表す．三角形の頂点A, B, Cはそれぞれ純成分A, B, Cを表す．辺AB, AC, BCはそれぞれ2成分系A+B系，A+C系，B+C系を表す．横軸にC成分の重量分率x_Cを，縦軸にA成分の重量分率x_Aをとると，3成分系の組成は，x_A, x_Cを指定することにより，三角形の1点で表される．

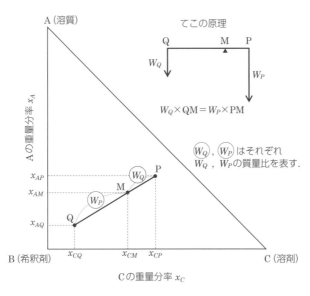

図 5.19 3成分系の組成の表し方

図 5.19 において，異なる 2 種の 3 成分系混合物を混合したとき，得られる混合物の組成を考える．

点 P で示す組成（x_{AP}, x_{BP}, x_{CP}）の 3 成分系混合物 W_P [kg] と，点 Q で示す組成（x_{AQ}, x_{BQ}, x_{CQ}）の 3 成分系混合物 W_Q [kg] を混合させてできる 3 成分系混合物 M の組成を（x_{AM}, x_{BM}, x_{CM}）とする．このときの成分 A，C の成分収支は次式で表される．

成分 A の収支： $W_P x_{AP} + W_Q x_{AQ} = (W_P + W_Q) x_{AM}$ (5.73)

成分 C の収支： $W_P x_{CP} + W_Q x_{CQ} = (W_P + W_Q) x_{CM}$ (5.74)

(5.73)，(5.74) 式を変形すると次式が得られる．

$$\frac{W_P}{W_Q} = \frac{x_{AQ} - x_{AM}}{x_{AM} - x_{AP}} = \frac{x_{CQ} - x_{CM}}{x_{CM} - x_{CP}} \quad (5.75)$$

($x_{AQ} - x_{AM}$)，($x_{CQ} - x_{CM}$) は線分 QM を，($x_{AM} - x_{AP}$)，($x_{CM} - x_{CP}$) は線分 PM を表すので，(5.75) 式は次式で表される．

$$W_P \times PM = W_Q \times QM \quad (5.76)$$

または

$$QM = PQ \times \frac{W_P}{W_P + W_Q} \quad (5.77)$$

すなわち，混合物の組成は点 P と点 Q を結んだ線分 PQ 上にあり，その位置は線分 PQ を $W_Q : W_P$ の比に内分する点 M で与えられるのである．(5.76) 式は点 M を支点として，線分の長さ×質量，が釣り合っていることを示しており，てこの原理と呼ばれる．

5.3.2 3成分系溶解度曲線とタイライン

液液抽出は液体成分間の溶解度の違いを利用して分離を行う操作であるので，溶質，希釈剤，溶剤の 3 成分系液液平衡データが基本となる．

温度一定下における 3 成分系液液平衡線図を図 5.20 に示す．曲線 R′RSER を溶解度曲線，線分 RE をタイライン（対応線）という．溶解度曲線の内側では 2

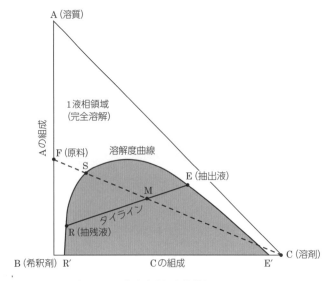

図 5.20　3 成分系溶解度曲線とタイライン

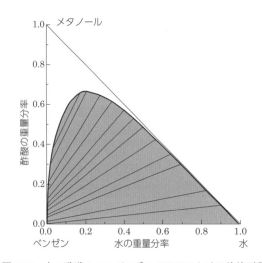

図 5.21　水＋酢酸＋ベンゼン系の 303 K における液液平衡

液相を形成し，溶解度曲線の外側では 1 液相（均一相）を形成する．なお，線分 R'E' は 2 成分系 B+C 系の 2 成分系液液平衡を表す．

　溶解度曲線は次の方法により測定できる．すなわち，図 5.20 のように，点 F で示される溶質 A と希釈剤 B の混合物である原液に対して，温度一定下で溶剤 C を加えて撹拌する．混合液は，最初は透明であるが，点 S に到達すると溶解度の限界に達して白濁する．このときの A と C の組成を物質収支により決定する．同様の測定を原液中の A と C の組成を変化させて行うと，溶解度曲線が得られる．

　また，溶解度曲線内の点 M で示される 2 液相を形成する混合物に対して撹拌および静置を行うと，液液平衡の状態となり，抽出液 E と抽残液 R の 2 つの液相に別れる．抽出液と抽残液をそれぞれ採取し，組成分析により組成を決定する．同様の測定を点 M を変化させて行うと，それぞれのタイラインが求められる．3 成分系液液平衡は系の種類によって異なり，また温度によっても違ってく

表 5.6　3 成分系液液平衡データ

(a) 水＋酢酸＋ベンゼン系（298 K）[a]

ベンゼン相［wt%］			水相［wt%］		
水	酢酸	ベンゼン	水	酢酸	ベンゼン
0.10	0.40	99.50	90.20	9.50	0.30
0.20	1.30	98.50	82.50	16.90	0.60
0.20	3.40	96.40	69.20	30.00	0.80
0.30	4.60	95.10	64.00	35.00	1.00
0.30	6.90	92.80	56.40	42.40	1.20
0.40	8.70	90.90	49.70	48.70	1.60
0.40	10.40	89.20	44.80	52.90	2.30
0.50	12.90	86.60	39.90	57.00	3.10
0.70	17.00	82.30	33.70	61.40	4.90
1.00	21.10	77.90	27.50	64.50	8.00
1.90	29.90	68.20	20.40	66.40	13.20
3.20	37.70	59.10	17.00	65.50	17.50

a) Jodra L.G., Otero J.L., Sole J., *Anal. Fis. Quim. Ser. B*, **51**, 741-747 (1955)

(b) 水＋メタノール＋ベンゼン系（303 K）[b]

ベンゼン相［wt%］			水相［wt%］		
水	メタノール	ベンゼン	水	メタノール	ベンゼン
0.08	0.00	99.92	99.82	0.00	0.18
0.05	0.55	99.40	94.50	5.25	0.25
0.10	0.95	98.95	89.70	10.00	0.30
0.15	1.45	98.40	81.90	17.80	0.30
0.20	1.95	97.85	72.30	27.10	0.60
0.25	2.55	97.20	59.20	39.40	1.40
0.30	3.20	96.50	48.00	49.30	2.70
0.30	4.00	95.70	38.25	56.50	5.25
0.35	4.90	94.75	31.00	60.00	9.00
0.40	5.30	94.30	25.80	61.00	13.20
0.45	6.00	93.55	20.80	60.20	19.00
0.90	10.50	88.60	16.00	57.50	26.50
1.10	11.30	87.60	13.00	53.90	33.10
2.00	20.50	77.50	7.70	43.10	49.20

b) Udovenko V. V., Mazanko T. F., *Russ. J. Phys. Chem.*, **37**, 1255-1256 (1963)

る．3 成分系液液平衡の一例として，表 5.6 に水＋酢酸＋ベンゼン系および水＋メタノール＋ベンゼン系の液液平衡データを示す．また，表 5.5 の（a）水＋酢酸＋ベンゼン系の液液平衡データを図示したものを図 5.21 に示す．図 5.21 において，タイラインの長さがまさに 1 点になる点 P をプレイトポイントといい，2 液相が存在する極限の状態である．

タイラインは無数に引くことができるが，図 5.22 に示すように，タイラインの両端である点 R および点 E からそれぞれ水平線（辺 BC に平行）および垂線（辺 BC に平行）を引き，その交点 I を求める．同様にしてすべてのタイラインから交点 I を求めると，曲線が描ける．この曲線を共役線という．共役線が分かると，点 E または点 R の一方の液組成から補助線を引いて共役線との交点 I を求め，もう一方の補助線よりそれと平衡にあるもう一方の点の組成を求めることができ，便利である．

抽出液と抽残液の溶質の組成をそれぞれ y，x とし，y を縦軸に，x を横軸にプロットした図を分配曲線という．分配曲線を図 5.22 に示す．分配曲線は，抽出操作を解析する際に用いられる．なお，x と y の比 $m＝y/x$ を分配係数といい，溶剤の抽出能力を示す重要な値である．

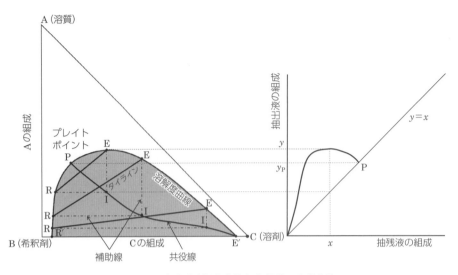

図5.22 3成分系溶解度曲線と共役線, 分配曲線

5.3.3 液液抽出装置

液液抽出装置で最も広く用いられているものは, 図5.23に示すミキサーセトラー型抽出装置である. この装置はミキサー (攪拌部) とセトラー (静置部) からなっており, ミキサーで原料と溶剤を混合させて十分に攪拌し, 原料中に含まれる溶質を抽出する. 次に, セトラーで混合物を静置させて抽出液と抽残液とに分けるのである. この1回の抽出操作を単抽出という.

単抽出の操作では, 抽残液中に目的の溶質成分がまだ多く含まれている場合が多い. そこで, 抽残液にさらに溶剤を加えて溶質成分を回収することが多い. こ

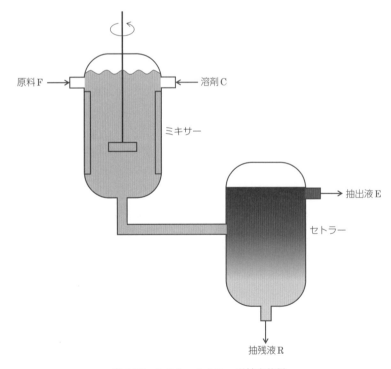

図5.23 ミキサーセトラー型抽出装置

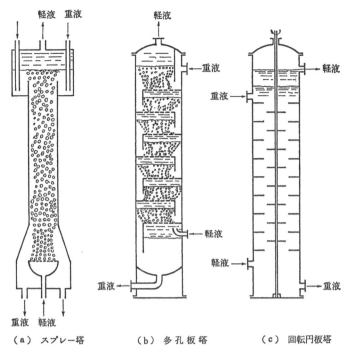

図 5.24 液液抽出装置
［疋田晴夫『改訂新版 化学工学通論 I』（朝倉書店，1982）より］

れを多回抽出という．多回抽出については後述する．

向流多段抽出は，図 5.24 に示すように，原料，溶剤のうち密度の大きい方を重液として塔頂より流下させる．一方，密度の小さい方を軽液として塔底から供給して上昇させ，塔内で向流に接触させて抽出を行い，塔頂から得られる軽液と塔底から得られる重液を抽出液または抽残液として得るものである．

5.3.4 単抽出

単抽出は，抽出回数が 1 回の最もシンプルな抽出操作である．すなわち原料に溶剤を加えて十分に混合し，原料中に含まれる溶質を溶媒により抽出させる．次に混合液を静置させて 2 液相を形成させ，抽出液と抽残液とに分離させる．

抽出操作において，原料（溶質＋希釈剤）の量を F [kg]，原料中の溶質組成を x_F [質量分率] とする．これに S [kg] の溶剤を加えて十分に混合させ，M [kg] の混合液を得る．この混合液の溶質組成を x_M [質量分率] とする．この混合過程における物質収支は (5.78) 式から (5.79) 式で与えられる．

全物質収支： $F+S=M$ (5.78)

溶質成分収支： $Fx_F=Mx_M$ (5.79)

$$\therefore x_M = \frac{Fx_F}{M} = \frac{Fx_F}{F+S} \quad (5.80)$$

x_M は (5.80) 式により求められる．また，図 5.25 に示した三角線図中において，混合液はてこの原理より，原料を示す点 F と溶剤を示す点 C を結んだ線分 FC を $S:F$ の比に内分する点 M で示される．

次に混合液を静置させて 2 液相を形成させて，抽出液と抽残液とに分離させる．抽出液の量を E [kg]，その溶質組成を x [質量分率]，抽残液の量を R [kg]，

その溶質組成を y [質量分率] とすると，この過程における物質収支は次式で与えられる．

全物質収支： $M = E + R$ (5.81)

溶質成分収支： $F x_M = E x + R y$ (5.82)

x と y は液液平衡関係にあり，その値は図 5.25 のように点 M を通るタイラインを共役線を用いて引くことにより求められる．あるいは上下のタイラインに準じて点 M を通るタイラインを引いてもよい．得られる抽出液と抽残液の量は (5.81)，(5.82) 式から次式で求められる．

$$E = M \frac{x_M - x}{y - x}$$ (5.83)

$$R = M - E$$ (5.84)

単抽出による溶質の回収率は，原料中の溶質の量に対する抽出液中の溶質の量の比であるので，次式で表される．

$$\eta = \frac{E y}{F x_F}$$ (5.85)

■**例題 5.9** メタノール 50 wt%，ベンゼン 50 wt%の原液 60 kg に水 40 kg を加えてメタノールを単抽出する．抽出液と抽残液の組成と量および抽出によるメタノールの回収率を求めよ．ただし，この系の液液平衡は表 5.6 を用いよ．

□**解** 水＋メタノール＋ベンゼン系の 298 K における液液平衡線図を図 5.25 に示す．

$F = 60$ kg，$x_F = 0.50$，$S = 40$ kg，$M = F + S = 60 + 40 = 100$ kg である．

原液と溶剤の混合による混合液は，図 5.25 中の線分 FC を FM：MC＝40：60 に内分する点 M で表される．点 M におけるメタノール組成は $x_M = 0.30$ となる．

点 M を通るタイラインを引き，液液平衡線図との交点 E，R の座標を読むと，

抽出液の組成： メタノール $y = 0.42$，水 0.57，
ベンゼン $1 - (0.42 + 0.57) = 0.01$

抽残液の組成： メタノール $x = 0.03$，水 0.005，

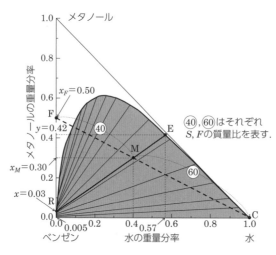

図 5.25 単抽出操作の図示

ベンゼン 1−(0.03+0.005)＝0.965

得られる抽出液と抽残液の量をそれぞれ E [kg], R [kg] とすると, (5.83) 式より,

$$E = 100 \frac{0.30 - 0.03}{0.42 - 0.03} = 69.2 \text{ kg}$$

$$R = 100 - 69.2 = 31.8 \text{ kg}$$

メタノールの回収率 η は (5.85) 式より,

$$\eta = \frac{(69.2)(0.42)}{(60)(0.50)} = 0.969$$

となる. □

5.3.5 多回抽出

5.3.3 項にて述べたように,単抽出を行っただけでは溶質の分離・回収が不十分なことが多い.そこで,抽残液にさらに溶剤を加えて溶質成分を回収するために多回抽出を行う.そのフローシートを図 5.26 に示す.図のように,前回の抽出液を原料として,これに純溶剤を加えて抽出を繰り返す操作である.最終抽出液の組成を x_n として,これが希望する値以下になるまで抽出を繰り返す.

図 5.26 において,n 回目における抽出をめぐる物質収支は次式で与えられる.

全物質収支: $R_{n-1} + S_n = M_n = E_n + R_n$ (5.86)

溶質成分収支: $R_{n-1} x_{n-1} = M_n x_{Mn} = E_n x_n + R_n y_n$ (5.87)

ここで x_n と y_n は液液平衡の関係にあることから,

$$x_{Mn} = \frac{R_{n-1} x_{n-1}}{M_n} = \frac{R_{n-1} x_{n-1}}{R_{n-1} + S_n} \tag{5.88}$$

$$E_n = M_n \frac{x_{Mn} - x_n}{y_n - x_n} \tag{5.89}$$

$$R_n = M_n - E_n \tag{5.90}$$

図 5.26 は,多回抽出の計算を図示したものである.多回抽出による溶質の回収率は次式で表される.

$$\eta = \frac{E_1 y_1 + E_2 y_2 + \cdots + E_n y_n}{F x_F} \tag{5.91}$$

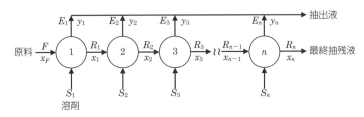

図 5.26 多回抽出操作

■**例題 5.10** 芳香族化合物とアルカンを含む石油留分から芳香族化合物を分離するため,溶剤としてスルホランを用いた抽出が行われる.いま,ベンゼン 50 wt%,ヘキサン 50 wt% の原液 100 kg に毎回スルホラン 25 kg を加えてベンゼンの抽出を 3 回行う.このとき,次の問いに答えよ.ただし,この系の液液平衡は次の表 5.7 を用いよ.

表5.7 スルホラン＋ベンゼン＋ヘキサン系液液平衡データ（298 K）[a]

ヘキサン相 [wt%]			スルホラン相 [wt%]		
スルホラン	ベンゼン	ヘキサン	スルホラン	ベンゼン	ヘキサン
0.03	0.00	99.97	95.00	0.00	5.00
0.06	3.36	96.58	86.18	8.19	5.63
0.10	6.87	93.03	77.95	15.69	6.35
0.16	10.53	89.31	70.24	22.57	7.19
0.24	14.31	85.45	63.00	28.85	8.16
0.35	18.18	81.47	56.05	34.52	9.43
0.49	22.06	77.45	49.54	39.66	10.80
0.71	26.07	73.22	43.21	44.17	12.61
1.02	30.18	68.80	37.28	48.18	14.54
1.50	34.33	64.18	31.27	51.34	17.38
2.25	38.41	59.34	25.30	53.64	21.05
3.46	42.39	54.15	19.31	54.90	25.79
8.29	50.83	40.89	12.42	53.87	33.71
10.77	53.13	36.10	10.77	53.13	36.10

DDBST GmbH, Dortmund Data Bank, Version 2017.

1. 各回の抽出液と抽残液の組成と量を求めよ.
2. 3回抽出によるベンゼンの回収率を求めよ.

□**解**　スルホラン＋ベンゼン＋ヘキサン系の 298 K における液液平衡線図を図 5.27 に示す. グラフを読み取りやすくするために, 縦軸を拡大して必要部分のみ描いてある.

$F=100$ kg, $x_F=0.50$, $S_n=25$ kg である.

[第1段]

$M_1=F+S_1=100+25=125$ kg である.

原液と溶剤の混合による混合液は, 図 5.27 中の線分 FC を $\mathrm{FM_1 : M_1C}=25 : 100$ に内分する点 $\mathrm{M_1}$ で表される. 点 $\mathrm{M_1}$ におけるベンゼン組成は (5.88) 式より (点 $\mathrm{M_1}$ の縦座標を読み取ってもよい),

$$x_{M1}=\frac{(100)(0.50)}{125}=0.40$$

点 $\mathrm{M_1}$ を通るタイラインを引き, 液液平衡線図との交点 $\mathrm{E_1}$, $\mathrm{R_1}$ の座標を読むと,

抽出液の組成:　ベンゼン $y_1=0.49$, スルホラン 0.36,

ヘキサン $1-(0.49+0.36)=0.15$

抽残液の組成:　ベンゼン $x_1=0.31$, スルホラン 0.01,

ヘキサン $1-(0.31+0.01)=0.68$

得られる抽出液と抽残液の量をそれぞれ E_1 [kg], R_1 [kg] とすると, (5.89) 式より,

$$E_1=125\frac{0.40-0.31}{0.49-0.31}=62.5 \text{ kg}$$

$$R_1=125-62.5=62.5 \text{ kg}$$

[第2段]

$M_2=R_1+S_2=62.5+25=87.5$ kg である.

原液と溶剤の混合による混合液は, 図 5.27 中の線分 $\mathrm{R_1C}$ を $\mathrm{R_1M_2 : M_2C}=25 : 62.5$ に内分する点 $\mathrm{M_2}$ で表される. 点 $\mathrm{M_2}$ におけるベンゼン組成は (5.88) 式より,

$$x_{M2}=\frac{(62.5)(0.31)}{62.5+25}=0.22$$

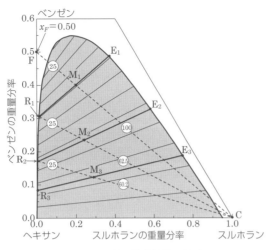

図 5.27 多回抽出操作の図示

点 M_2 を通るタイラインを引き,液液平衡線図との交点 E_2, R_2 の座標を読むと,

抽出液の組成: ベンゼン $y_2=0.33$, スルホラン 0.59,
ヘキサン $1-(0.33+0.59)=0.08$

抽残液の組成: ベンゼン $x_2=0.17$, スルホラン 0.01,
ヘキサン $1-(0.17+0.003)=0.827$

得られる抽出液と抽残液の量をそれぞれ E_2 [kg], R_2 [kg] とすると,第 1 段と同様に,

$$E_2=87.5\frac{0.22-0.17}{0.33-0.17}=27.3\,\mathrm{kg}$$

$$R_2=87.5-27.3=60.2\,\mathrm{kg}$$

[第 3 段]

$M_3=R_2+S_3=60.2+25=85.2\,\mathrm{kg}$ である.

原液と溶剤の混合による混合液は,図 5.27 中の線分 R_2C を $R_2M_3:M_3C=25:60.2$ に内分する点 M_3 で表される.点 M_3 におけるベンゼン組成は (5.88) 式より,

$$x_{M3}=\frac{(60.2)(0.17)}{60.2+25}=0.12$$

点 M_3 を通るタイラインを引き,液液平衡線図との交点 E_3, R_3 の座標を読むと,

抽出液の組成: ベンゼン $y_3=0.18$, スルホラン 0.74,
ヘキサン $1-(0.18+0.74)=0.08$

抽残液の組成: ベンゼン $x_3=0.08$, スルホラン 0.001,
ヘキサン $1-(0.08+0.001)=0.919$

得られる抽出液と抽残液の量をそれぞれ E_3 [kg], R_3 [kg] とすると,同様に,

$$E=85.2\frac{0.12-0.08}{0.18-0.08}=34.1\,\mathrm{kg}$$

$$R=85.2-34.1=51.1\,\mathrm{kg}$$

となる. □

5.3.6 向流多段抽出

向流多段抽出は，原料と溶剤とを連続的に向流に供給して各段で抽出を行い，最終的に抽出液と抽残液とに分離する操作である．溶剤の量が同じ場合には，多回抽出操作に比較して同じ抽出率を得るための段数が少なくて済むなどの利点が多いため，工業的な抽出操作では最も用いられている操作である．

図 5.28 に向流多段抽出操作の概略と各段における原料・溶剤・抽出液・抽残液の量と組成を示す．原料を F [kg/h]，溶剤を S [kg/h]，抽出液を E [kg/h]，抽残液を R [kg/h] とする．また，原料・抽出液・抽残液中の溶質の組成をそれぞれ x_F [質量分率]，y [質量分率]（純溶剤を用いる場合は溶質を含まないので，$y_S=0$），x [質量分率] とし，抽出段は 1, 2, $\cdots$, i, $\cdots$, n 段とする．また，各段において抽出液と抽残液は液液平衡関係にあるものとする．

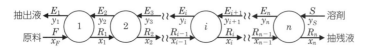

図 5.28 向流多段抽出操作

図 5.28 の装置全体における物質収支をとると，入量は原料 F と溶剤 S，出量は最終抽出液 E_1 と最終抽残液 R_n であるから，

全物質収支： $F+S=E_1+R_n=M$ (5.92)

溶質成分収支： $Fx_F+Sy_S=E_1y_1+R_nx_n=Mx_n$ (5.93)

$$\therefore x_M = \frac{Fx_F+Sy_S}{F+S} = \frac{Fx_F+Sy_S}{E_1+R_n} \quad (5.94)$$

てこの原理より点 M は線分 FS 上にあり，(5.94)式で x_M を求めれば，図 5.28 のように決められる．次に混合物 M は最終抽出液 E_1 と最終抽残液 R_n とに分離され，E_1 と R_n の和が M であることから，3 点 M, E_1, R_n は一直線上にある．向流多段抽出では最終抽出液の組成 y_1 と最終抽残液の組成 x_n のどちらかが与えられるので，例えば x_n を既知とすると点 R_n が決まり，点 R_n と点 M を結ぶことにより点 E_1 が決まるのである．

次に，各段における物質収支を考える．図 5.28 中の i 段における物質収支をとると，

[全物質収支]

$R_{i-1}+E_{i+1}=R_i+E_i$

$\therefore R_{i-1}-E_i=R_i-E_{i+1}$ (5.95)

[溶質成分収支]

$R_{i-1}x_{i-1}+E_{i+1}y_{i+1}=R_ix_i+E_iy_i$

$\therefore R_{i-1}x_{i-1}-E_iy_i=R_ix_i-E_{i+1}y_{i+1}$ (5.96)

が成り立つ．また，(5.83)式より

$F-E_1=R_n-S=D=$ 一定 (5.97)

ここで一定値 D は，最終段から系外に出る正味の量，または第 1 段における供給される正味の量である．同様にして 1, 2, $\cdots$, i, $\cdots$, n 段目について適用すると

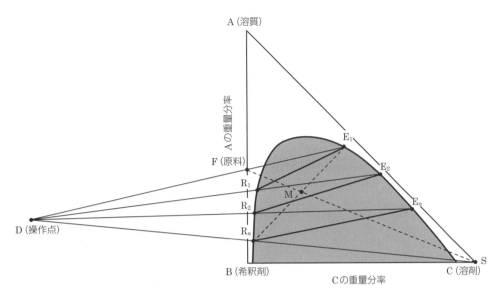

図 5.29　向流多段抽出の図示

［全物質収支］
$$F - E_1 = R_1 - E_2 = R_2 - E_3$$
$$= \cdots$$
$$= R_{i-1} - E_i = R_i - E_{i+1} \quad (5.98)$$
$$= \cdots$$
$$= R_n - S = 一定 = D$$

［溶質成分収支］
$$Fx_F - E_1 y_1 = R_1 x_1 - E_2 y_2 = R_2 x_2 - E_3 y_3$$
$$= \cdots$$
$$= R_{i-1} x_{i-1} - E_i y_i = R_i x_i - E_{i+1} y_{i+1} \quad (5.99)$$
$$= \cdots$$
$$= R_n x_n - S y_S = 一定 = D x_D$$

この式は隣り合った段と段との間での2つの液相量の差は等しいことを示す．これより，一般に点R_iと点E_{i+1}を結んだ直線はすべて点Dを通るのである．この点Dは操作点と呼ばれ，直線FE_1と直線CR_nの交点として与えられる．

図5.29を用いて，向流多段抽出操作における段数の決定法について示す．まず点F，S，R_nをプロットする．

てこの原理または（5.77）式を用いて点Mをプロットし，線分R_nMを延長させて溶解度曲線との交点E_1を決定する．

① 点E_1と液液平衡関係にある点R_1をタイラインから求める．
② 線分FE_1と線分$R_n S$をそれぞれ延長させて，交点をDとする．
③ 線分DR_1と溶解度曲線との交点E_2を求める．
④ 点E_2と液液平衡関係にある点R_2をタイラインから求める．
⑤ ③と④を繰り返して，R_iが最終抽残液R_nの組成x_nを超えるまで行う．求める段数はタイラインの数で与えられる．

5.4 晶析 I

晶析（crystallization）とは，液相または気相中に含まれる特定成分を固相として分離・精製する単位操作である．多段操作により純度を向上させる蒸留とは異なり，単一段操作で高純度な製品結晶が得られる．また，操作温度が比較的低いことも晶析の特徴の一つである[26,27]．そのため，晶析操作は食塩，砂糖，調味料などの粒状食品の生産，p-キシレンなどの化学製品の精製，医薬分野におけるアミノ酸の光学異性体分離に加え，天然資源からの有価物の成分分離・回収，廃液処理などに広く用いられている[28]．本節では，平衡論的観点からみた固相分離・生成法としての晶析操作の特徴について述べる．

5.4.1 固液平衡

固液平衡は，結晶化の推進力を議論する上で最も重要な礎である．固液平衡は相図によって表される．2成分系では相律は $F=4-P$ となり，自由度の最大数は3となるので，2成分系の完全な状態図は図5.30に示すように温度，圧力，組成の3つの状態変数を座標軸にとった3次元で示される．しかし，3次元の状態図は取り扱いにくいので3つの変数のうち1つを一定とし，他の2つの変数を座標軸にとった平面図（断面図）が用いられる[29]．特に，固液平衡に対しては圧力の影響は些少なので，晶析では横軸に組成，縦軸に圧力をとった定圧下での相図が用いられる．また，固相と液相が共存している状態は，2成分が液相のみならず固相でも完全に溶け合う固溶体系と，2成分が固相では全く溶け合わない共晶系に大別できる[30,31]．

F：自由度 [—]
P：相の数 [—]

T：温度 [K]
P：圧力 [Pa]
X：組成 [—]

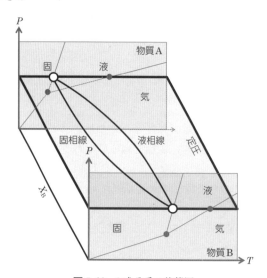

図 5.30 2成分系の状態図

a. 固溶体系

図5.31に連続固溶体系の一例としてアントラセン-フェナントレン系の相図を示す．点aがフェナントレンの融点（＝凝固点），点bがアントラセンの融点（＝凝固点）を示し，液相領域と接する線が液相線，固相領域と接する線が固相線であり，この2つの線に囲まれた領域が液相と固相の共存領域である．例えば，点Pの組成にある液体混合物を冷却すると，点Qの温度で凝固が始まり，S

の組成（アントラセンのモル分率が0.82）を持つ固相が析出する．初期の析出固相はアントラセンに富み，液相のアントラセンのモル分率は低くなる方向に進むため，さらに冷却すると凝固点は液相線に沿ってQからRの方向に低下し，Rに達するとS′（アントラセンのモル分率が0.73）の組成の固相が析出する．このように，連続固溶体系では，どのような組成の液体混合物を冷却・結晶化しても必ず2成分を含む固体が析出し，純粋な結晶は得られない．ただし，固溶体を形成するのは有機物や金属などの少数の系のみである[31]．

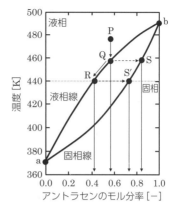

図5.31 アントラセン-フェナントレン系の2成分系相図（連続固溶体系）

b. 共晶系

図5.32に最も単純な共晶系である単純共晶系の相図を示す．液相線が交差する点cを**共晶点**（eutectic point）（共融点）という．液相線より上が液相（液体混合物）の領域で，共晶点以上で液相線より下の領域は純固相（成分1または成分2）と液相が共存しており，点cdeで囲まれた領域が成分1の純固相と液相，abcが成分2の純固相と液相の領域を示す．共晶点以下の温度では成分1と成分2の純固相の混合物が得られる．例えば，点Pの組成にある液体混合物を冷却すると，点Qの温度で凝固しはじめ，Sの組成（純粋な成分1）の固相が析出する．成分1が固相として析出するので，残った液体混合物は成分2に富むようになり凝固点はQ→Rの方向に低下し，点Rに達するとS′の組成（純粋な成分1）の固体が析出する．共晶点であるc点の組成に達すると，成分1と2の混合物（共晶混合物または共融混合物）が固相として析出する[31,32]．すなわち，共晶点以上の温度で冷却を止めることで成分1または成分2の純固相を析出できる．また，どちらの成分の純固相を析出させるかは初期の液組成によって変えられ，成分1と2の融点差が大きければ大きいほど，より多くの純固相が得られる．

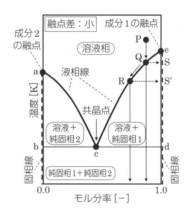

図5.32 2成分系相図（単純共晶系）

c. 固液平衡における「てこの原理」の応用

図5.33は両端におもりが固定されている棒が重心で釣り合っている様子を示す．両端のおもりの質量が異なる場合，左右が釣り合うためには，左右の棒の長さの比が左右のおもりの質量比の逆になる必要がある．てこの原理を固液平衡の相図に応用することで，

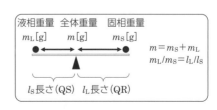

図5.33 てこの原理

液相と固相の重量および液相・固相中の各成分重量を求めることができる．てこの原理の単純共晶系の相図への応用例を図5.34 に示す．

組成が α で重量 m の混合溶液を点 Q_1 で保ち平衡状態とすると，重量 m_S の固相が析出し，重量 m_L の溶液が残っている．点 Q_1 より温度が低い点 Q_2 または点 Q_3 で一定に保ったとすると，析出する固相量は，点 Q_1 で保った場合よりも多くなる．また，Q_0 で保った場合，固相はほとんど析出しない．すなわち，固相量が線分 QR の長さに比例する[32]．

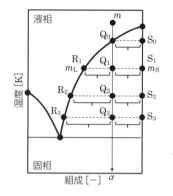

図 5.34 てこの原理の単純共晶系の相図への応用例

■例題 5.11　60 wt% のアントラセンを含む溶液 100 g を 450 K（点 O）に保ち，平衡状態に達した場合の液相と固相の重量，および各相中のアントラセンとフェナントレンの重量を求めよ．ただし，図 5.35 に示した点 A および点 B におけるアントラセンの重量百分率は，それぞれ 52 wt%，80 wt% である．

□解　固相の重量を m_S，液相重量を m_L とすると，物質収支とてこの原理より以下の式が導かれる．

$$m_S + m_L = 100 \text{ g}, \quad m_L/m_S = l_L/l_S$$

これより，固相と液相の重量は以下のようになる．

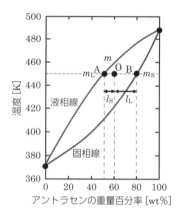

図 5.35 アントラセン-フェナントレン 2 成分系の固液平衡図（連続固溶体系）

固相重量：

$$m_S = \frac{l_S}{l_S + l_L} \times 100 = \frac{60-52}{80-52} \times 100 = 28.6 \text{ g}$$

液相重量：

$$m_L = \frac{l_L}{l_S + l_L} \times 100 = \frac{80-60}{80-52} \times 100 = 71.4 \text{ g}$$

また，点 O での固相・液相中の各成分の重量は以下のように求まる．

[固相中の各成分の重量]

固相の組成（点 B）はアントラセン：80 wt%，フェナントレン：20 wt% であるので，

　アントラセンの重量：
　　28.6 g × 0.80 = 22.9 g
　フェナントレンの重量：
　　28.6 g × 0.20 = 5.7 g

[液相中の各成分の重量]

液相の組成（点 A）はアントラセン：52 wt%，フェナントレン：48 wt% であ

るので，

アントラセンの重量
71.4g×0.52＝37.1g
フェナントレンの重量
71.4g×0.48＝34.3g　□

5.4.2　固液平衡と溶解度

単純共晶系の固液平衡相図の液相線は，固相を析出しはじめる温度を表しているので凝固点曲線といえる．図 5.36 に融点差が大きい場合の単純共晶系の相図を示す[32]．純粋な成分 2 の液体（溶媒）は，点 a で凝固するが，そこに成分 1（溶質）を溶かすと凝固点は曲線 ac に沿って低下する．また，純粋な成分 1 の液体（溶媒）は点 e で凝固するが，そこに成分 2（溶質）を溶かすと凝固点は曲線 ec に沿って低下する．すなわち，曲線 ac は成分 2（液体）に成分 1（固体）が溶けたことによる凝固点降下を表す曲線であり，曲線 ec は成分 1（液体）に成分 2（固体）が溶けたことによる凝固点降下を表す曲線である．見方を変える（溶媒と溶質を逆に考える）と，曲線 ac は成分 1（液体）に対する成分 2（固体）の溶解度（飽和溶液の濃度）の温度変化を，曲線 ec は成分 2（液体）に対する成分 1（固体）の溶解度の温度変化と見なせる．この溶解度は温度の増加にともない増加する．単純共晶系において，2 成分のどちらか一方を溶媒と見なし，そ

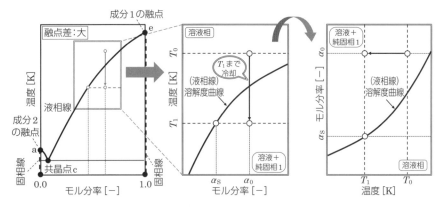

図 5.36　融点差が大きい場合の 2 成分系相図（単純共晶系）

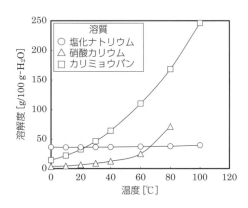

図 5.37　溶解度曲線の例

の成分の固相を考慮する必要がない場合は，相図の液相線（凝固点曲線）の一部を切り出し，溶解度曲線として示される．溶解度とは溶媒に飽和溶解した溶質の量であり，単位溶媒質量に対する溶質質量［kg-溶質/kg-溶媒］，単位溶液質量に対する溶質質量［kg-溶質/kg-溶液］，または単位溶媒体積に対する溶質質量［kg-溶質/m³-溶媒］，単位溶液体積に対する溶質質量［kg-溶質/m³-溶液］などとして表される．溶解度曲線の一例を図5.37に示す．炭酸塩などの少数の例外を除いて，溶解度は温度の増加にともない増大する．また，溶解度に対する温度の依存性は，物質によって変化し，塩化ナトリウムのように温度依存性の小さい物質もある[33,34]．

5.4.3 晶析現象

a. 核発生と結晶成長

晶析現象はクラスターという分子・イオンが凝集した不安定な状態を経て生じる**核発生**（nucleation）と生成した結晶核が分子・イオンを取り込むことで大きくなる**結晶成長**（crystal growth）に大別される．核発生は結晶数や結晶構造，結晶成長は粒径，形状，純度などの結晶品質に影響を及ぼすため，晶析プロセスにおいて核発生と結晶成長過程の制御は不可欠であり，そのために過飽和のコントロールが非常に重要となる．

b. 結晶化の推進力—過飽和—

晶析を行うためには，液相の状態を溶解度曲線より高い濃度領域，すなわち，溶質が溶解度以上に溶け過ぎた状態にしなければならない．このような状態を過飽和状態という．熱力学的に過飽和状態を考察すると，過飽和状態では固相における結晶成分のケミカルポテンシャル μ_S が液相における結晶成分のケミカルポテンシャル μ_L より小さいため，晶析することにより系全体の自由エネルギーを下げようとする．したがって，次式に示す固液相間のケミカルポテンシャル差 $\Delta\mu$ が結晶化の推進力といえる．

$$\Delta\mu = \mu_L - \mu_S \tag{5.100}$$

ケミカルポテンシャルと濃度 C の熱力学的な関係は，ボルツマン定数 k，絶対温度 T を用いて，次式で表される．

$$\mu = kT \ln C \tag{5.101}$$

したがって，ケミカルポテンシャル差 $\Delta\mu$ は，過飽和溶液の濃度 C_L，溶解度 C_S を用いて，次式により表せる．

$$\Delta\mu = \mu_L - \mu_S = kT \ln C_L - kT \ln C_S = kT \ln \frac{C_L}{C_S} = kT \ln \left(1 + \frac{C_L - C_S}{C_S}\right)$$
$$\tag{5.102}$$

ここで，C_L/C_S は過飽和比 S，$(C_L - C_S)/C_S$ は相対過飽和度 σ と定義され，これより $\Delta\mu$ が溶液濃度の関数として熱力学的に与えられることが分かる[27]．また，σ が十分に小さく，$\sigma \ll 1$ であれば，（5.102）式は近似的に次式になる．

$$\Delta\mu = kT\sigma \tag{5.103}$$

これを変形すると次式が得られる．

$$\sigma = \Delta\mu / kT \tag{5.104}$$

これより，σ は kT により無次元化されたケミカルポテンシャル差となる．また，工学的には，次式に示すように濃度差を過飽和度 ΔC として用いる場合が多い．

μ：ケミカルポテンシャル［J/mol］
μ_S：固相の結晶成分のケミカルポテンシャル［J/mol］
μ_L：液相の結晶成分のケミカルポテンシャル［J/mol］
k：ボルツマン定数［J/K］
T：絶対温度［K］
C：溶液濃度［kg/m³］
C_L：過飽和溶液の濃度［kg/m³］
C_S：溶解度［kg/m³］

S：過飽和比［—］
σ：相対過飽和度［—］

110

$$\Delta C = C_L - C_S \qquad (5.105)$$

ΔC を用いることで，濃度差を推進力とする物質移動や拡散との関わりを議論する工学的な検討において有利となる．溶解度と過溶解度曲線を図5.38に示す．未飽和溶液（点a）を冷却すると，溶液は飽和点（点b）を過ぎて過飽和状態になる．しかし，過飽和状態になったからといって，すぐに結晶は発生しない．さらに，冷却を続け，高過飽和状態（点c）に

図5.38　溶解度と過溶解度曲線

なってはじめて結晶が発生する．このような結晶の核発生点を溶液濃度を変えて何点か測定し，プロットすると溶解度曲線とほぼ平行な過溶解度曲線が得られる．過溶解度曲線は，熱力学的な平衡値ではなく，速度論（核発生速度）的に決まるので，測定法や測定条件によって大幅に変化する．一般に，過溶解度曲線より上，すなわち不安定域では結晶の核発生が，過溶解度曲線と溶解度曲線の間の準安定域では，結晶の成長が優先的に生じることが知られている[34,35]．

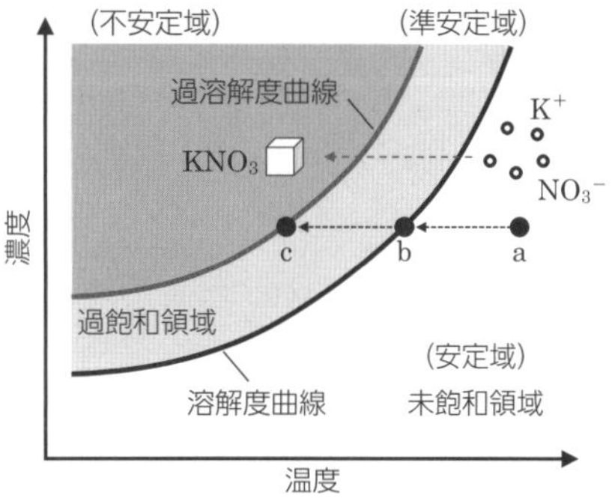

5.4.4　分離技術としての晶析の得意分野

　キシレンの異性体の融点および沸点を表5.8に示す．o-, m-, p-キシレンの沸点は，それぞれ144.4，139.1，138.4℃であり，その差は些少であるのに対し，融点は，-25.2，-47.9，13.3℃である．また，ジクロロベンゼン異性体（表5.9）も同様の傾向を示す．これら異性体のように，沸点差が小さく，融点差が大きい液体混合物の分離には，晶析が有効な手段となり得る．また，目的成分が他の成分と共沸混合物を形成することで，通常の蒸留が困難な場合にも晶析が有利となる場合がある．

表5.8　キシレンの異性体の融点および沸点

異性体	モル質量 [g/mol]	融点 [℃]	沸点 [℃]	比重 [g/cm³]
o-キシレン	106.2	-25.2	144.4	0.88
m-キシレン	106.2	-47.9	139.1	0.86
p-キシレン	106.2	13.3	138.4	0.86

表5.9　ジクロロベンゼンの異性体の融点および沸点

異性体	モル質量 [g/mol]	融点 [℃]	沸点 [℃]	比重 [g/cm³]
o-ジクロロベンゼン	147.0	-17.0	180.5	1.31
m-ジクロロベンゼン	147.0	-24.8	173.0	1.29
p-ジクロロベンゼン	147.0	54.0	174.1	—

文　　献

［1］化学工学会 Web 版化学プロセス集成 http://www3.scej.org/education/me_home.html
［2］化学工学協会編『化学プロセス集成』東京化学同人（1971）
［3］化学工学会東海支部編『化学工学の進歩 37 蒸留工学―基礎と応用―』槇書店（2003）pp.1-8
［4］岩井芳夫，滝嶌繁樹，辻　智也，栃木勝己編『化学工学物性測定マニュアル』分離技術会（2015）pp.62-86
［5］岩村　秀，角五正弘監修，大月　穣，青山　忠，浮谷基彦，遠山岳史，松田弘幸編『理工系のための化学実験
　　　基礎化学からバイオ・機能材料まで』共立出版（2016）pp.218-227
［6］小島和夫『化学技術者のための熱力学　改訂版』培風館（1996）p.215
［7］小島和夫『化学技術者のための熱力学　改訂版』培風館（1996）p.216
［8］小島和夫『化学技術者のための熱力学　改訂版』培風館（1996）pp.213,214,233
［9］G. M. Wilson *"Journal of American Chemical Society"*（1964）**86**, p.127-130
［10］岩村　秀，角五正弘監修，大月　穣，青山　忠，浮谷基彦，遠山岳史，松田弘幸編『理工系のための化学実験
　　　基礎化学からバイオ・機能材料まで』共立出版（2016）pp.228-234
［11］岩村　秀，角五正弘監修，大月　穣，青山　忠，浮谷基彦，遠山岳史，松田弘幸編『理工系のための化学実験
　　　基礎化学からバイオ・機能材料まで』共立出版（2016）pp.240-246
［12］物質応用化学編集委員会編『物質応用化学［基礎と演習］』培風館（2000）pp.202-230
［13］市原正夫，大賀文博，水野直治，山本茂夫，鈴木善孝『化学計算法シリーズ 4　化学工学の計算法』東京電機大
　　　学出版局（1999）pp.29-51, 150-161
［14］化学工学会編『化学工学便覧　改訂七版』丸善出版（2011）p.385
［15］化学工学会編『化学工学便覧　改訂七版』丸善出版（2011）p.384
［16］化学工学会編『化学工学便覧　改訂七版』丸善出版（2011）pp.403-409
［17］化学工学会編『化学工学便覧　改訂七版』丸善出版（2011）pp.414-416, pp.422-425
［18］W. L. McCabe and E. W. Thiele *"Industrial Engineering Chemistry"*（1925）**17**, p.605
［19］化学工学会編『化学工学便覧　改訂七版』丸善出版（2011）p.392
［20］平田光穂『化学工学』（1955）**19**, p.44
［21］化学工学会編『化学工学便覧　改訂七版』丸善出版（2011）p.393
［22］竹内　雍，松岡正邦，越智健二，茅原一之『解説 化学工学 改訂版』培風館（2001）p.138
［23］化学工学会編『化学工学便覧　改訂七版』丸善出版（2011）p.416
［24］化学工学協会編『化学工学便覧　改訂四版』丸善（1978）p.618
［25］化学工学会編『化学工学便覧　改訂七版』丸善出版（2011）p.417
［26］三上貴司，鶴岡工業高等専門学校研究紀要，**45**, 65（2011）
［27］久保田徳昭，松岡正邦『分離技術シリーズ 5　分かり易い晶析操作』分離技術会（2003）pp.1-2
［28］分離精製工学教育研究会編『基礎分離精製工学』三恵社（2011）pp.143-154
［29］化学工学会分離プロセス部会編『分離プロセス工学の基礎』朝倉書店（2009）pp.37-39
［30］守吉佑介，笹本　忠，植松敬三，伊熊泰郎『セラミックスの基礎科学』内田老鶴圃（1989）pp.84-88
［31］吉岡甲子郎『相律と状態図』共立出版（1984）pp.25-36
［32］滝山博志『晶析の強化書　増補版〜有機合成者でもわかる晶析操作と結晶品質の最適化〜』S&T 出版（2013）
　　　pp.14-15
［33］日本化学会編『化学便覧　基礎編 II　改訂 3 版』丸善（1984）pp.166-182
［34］久保田徳昭，松岡正邦『分離技術シリーズ 5　分かり易い晶析操作』分離技術会（2003）pp.10-12
［35］橋本健治，荻野文丸編『現代化学工学』産業図書（2001）pp.219-234

付　　録

単位換算表

(1) 長さ［L］

m	cm	in	ft
1	100	39.37	3.281
0.01	1	0.3937	0.03281
0.02540	2.540	1	0.08333
0.3048	30.48	12	1

(2) 質量［M］

kg	g	t	lb
1	1000	0.001	2.205
0.001	1	10^{-6}	0.002205
1000	10^6	1	2205
0.4536	453.6	4.536×10^{-4}	1

1 t（メートルトン）＝1000 kg＝0.9842 long ton（英トン）＝1.102 short ton（米トン）

(3) 力［MLT^{-2}］

$N=m\cdot kg/s^2$	kgf	lbf
1	0.1020	0.2248
9.807	1	2.205
4.448	0.4536	1

(4) 密度［$L^{-3}M$］

kg/m^3	g/cm^3	lb/in^3	lb/ft^3
1	0.001	3.613×10^{-5}	0.06243
1000	1	0.03613	62.43
27680	27.68	1	1728
16.02	0.01602	5.787×10^{-4}	1

(5) 圧力［$ML^{-1}T^{-2}$］

Pa	bar	kgf/cm^2	atm	$lbf/in^2=psi$
1	10^{-5}	1.0197×10^{-5}	9.8692×10^{-6}	1.4504×10^{-4}
10^5	1	1.0197	0.98692	14.504
9.8067×10^4	0.98067	1	0.96784	14.223
1.0133×10^5	1.0133	1.0322	1	14.696
6.8948×10^3	0.068948	0.070307	0.068046	1

1 atm＝760 mmHg

(6) 粘度［$ML^{-1}T^{-1}$］

$Pa\cdot s=N\cdot s/m^2$	$P=g/(cm\cdot s)$	$kg/(m\cdot h)$	$lb/(ft\cdot s)$
1	10	3600	0.6720
0.1	1	360	0.06720
0.0002778	0.002778	1	0.0001867
1.488	14.88	5357	1

113

(7) エネルギー［$ML^{-1}T^{-2}$］

J	cal	kW·h	Btu
1	0.2389	2.778×10^{-7}	9.478×10^{-4}
4.187	1	1.163×10^{-6}	0.003968
3.6×10^{6}	8.599×10^{5}	1	3412
1055	252.0	2.930×10^{-4}	1

Btu：British thermal unit（英熱量）

(8) 動力［$ML^{2}T^{-3}$］

W＝J/s	kgf·m/s	HP	cal/s
1	0.1020	0.001341	0.2388
9.807	1	0.01315	2.344
745.7	76.04	1	178.2
4.187	0.4279	0.005612	1

(9) 熱伝導度［$MLT^{-3}\theta^{-1}$］

W/(m·K)＝J/(s·m·K)	kcal/(m·h·℃)	Btu/(ft·h·℉)
1	0.8598	0.5778
1.163	1	0.6719
1.731	1.4882	1

(10) 伝熱係数［$MT^{-3}\theta^{-1}$］

W/(m²·K)＝J/(s·m²·K)	kcal/(m²·h·℃)	Btu/(ft²·h·℉)
1	0.8598	0.1761
1.163	1	0.2048
5.682	4.882	1

臨界定数（化学工学便覧改訂6版（丸善）より作成）

(1) 無機化合物

名称	化学式	臨界温度 T_c［K］	臨界圧力 p_c［MPa］	臨界圧縮係数 Z_c［－］
臭素	Br_2	331.9	10.33	0.270
水素	H_2	33.2	1.30	0.305
水	H_2O	647.3	22.04	0.229
塩化水素	HCl	324.6	8.31	0.249
アンモニア	NH_3	405.6	11.27	0.242
硫化水素	H_2S	373.2	8.93	0.284
窒素	N_2	126.2	3.39	0.290
ネオン	Ne	44.4	2.76	0.311
酸素	O_2	154.6	5.04	0.288
二酸化硫黄	SO_2	430.8	7.88	0.268
二酸化炭素	CO_2	304.2	7.37	0.274

(2) 有機化合物

名称	化学式	臨界温度 T_c [K]	臨界圧力 p_c [MPa]	臨界圧縮係数 Z_c
メタン	CH_4	190.6	4.60	0.288
メタノール	CH_4O	512.6	8.09	0.224
エチレン	C_2H_4	282.4	5.03	0.276
エタン	C_2H_6	305.4	4.88	0.285
ジメチルエーテル	C_2H_6O	400.0	5.37	0.287
エタノール	C_2H_6O	516.2	6.38	0.248
アセトン	C_3H_6O	508.1	4.70	0.232
プロパン	C_3H_8	369.8	4.24	0.281
1-プロパノール	C_3H_8O	536.7	5.17	0.253
n-ブタン	C_4H_{10}	425.2	3.80	0.274
イソブタン	C_4H_{10}	408.1	3.65	0.283
n-ペンタン	C_5H_{12}	469.6	3.37	0.262
ベンゼン	C_6H_6	562.1	4.89	0.271
n-ヘキサン	C_6H_{14}	507.4	2.97	0.260
n-ヘプタン	C_7H_{16}	540.2	2.74	0.263
トルエン	C_7H_8	591.7	4.11	0.264
o-キシレン	C_8H_{10}	630.2	3.73	0.263
n-オクタン	C_8H_{18}	568.8	2.48	0.259

アントワン定数

名称	化学式	A	B	C
臭素	Br_2	4.00270	1119.680	221.380
メタン	CH_4	3.76870	395.7440	266.681
メタノール	CH_4O	5.20277	1580.080	239.500
エチレン	C_2H_4	3.91382	596.5260	256.370
エタン	C_2H_6O	3.95405	663.720	256.681
エタノール	C_2H_6O	5.33675	1648.220	230.918
ジメチルエーテル	C_2H_6O	4.44136	1025.560	256.050
プロピレン	C_3H_6	3.95606	789.6240	247.580
アセトン	C_3H_6O	4.21840	1197.010	228.060
プロパン	C_3H_8	3.92828	803.9970	247.040
1-プロパノール	C_3H_8O	4.99991	1512.940	205.807
n-ブタン	C_4H_{10}	3.93266	935.7730	238.789
イソブタン	C_4H_{10}	4.00272	947.400	248.870
1-ブタノール	$C_4H_{10}O$	4.64930	1395.140	182.739
n-ペンタン	C_5H_{12}	3.97786	1064.840	232.014
ベンゼン	C_6H_6	3.98523	1184.240	217.572
n-ヘキサン	C_6H_{14}	4.00139	1170.875	224.317
n-ヘプタン	C_7H_{16}	4.02023	1263.909	216.432
トルエン	C_7H_8	4.05043	1327.620	217.625
o-キシレン	C_8H_{10}	4.09789	1458.706	212.041
n-オクタン	C_8H_{18}	4.05075	1356.360	209.635
水素	H_2	2.93954	66.79540	275.65
水	H_2O	5.11564	1687.537	230.17
硫化水素	H_2S	4.22882	806.9330	251.39
アンモニア	NH_3	4.48540	926.1320	240.17
窒素	N_2	3.61947	255.68	266.55
ネオン	Ne	3.20934	78.38000	270.55
酸素	O_2	3.81634	319.0130	266.70
二酸化硫黄	SO_2	4.40720	999.9000	237.19

アントワン式

$$\log P[\text{bar}] = A - \frac{B}{T[\text{K}] + C - 273.15}$$

Bruce E. Poling, John M. Prausnitz, John P. O'Connell
"*The Properties of Gases and Liquids*", Fifth Edition, McGraw-Hill, 2007 より作成

水蒸気表

温度	飽和圧力	密度		エンタルピー		
T	Ps	ρ^l	ρ^v	H^l	H^v	$DH = H^v - H^l$
[K]	[MPa]	[kg/m³]		[kJ/kg]		
273.16	0.0006117	999.79	0.0048546	0.00061178	2500.9	2500.89
280	0.0009918	999.86	0.0076812	28.796	2513.4	2484.60
290	0.0019200	998.76	0.014363	70.729	2531.7	2460.97
300	0.0035368	996.51	0.02559	112.56	2549.9	2437.34
310	0.0062311	993.34	0.043663	154.37	2567.9	2413.53
320	0.010546	989.39	0.071662	196.17	2585.7	2389.53
330	0.017213	984.75	0.11357	238.00	2603.3	2365.30
340	0.027188	979.50	0.1744	279.87	2620.7	2340.83
350	0.041682	973.70	0.26029	321.79	2637.7	2315.91
360	0.062194	967.39	0.37858	363.79	2654.4	2290.61
370	0.090535	960.59	0.53792	405.88	2670.6	2264.72
380	0.12885	953.33	0.7483	448.09	2686.2	2238.11
390	0.17964	945.62	1.0212	490.44	2701.3	2210.86
400	0.24577	937.49	1.3694	532.95	2715.7	2182.75
410	0.33045	928.92	1.8076	575.66	2729.3	2153.64
420	0.43730	919.93	2.3518	618.60	2742.1	2123.50
430	0.57026	910.51	3.0202	661.80	2753.9	2092.10
440	0.73367	900.65	3.8329	705.31	2764.7	2059.39
450	0.9322	890.34	4.812	749.16	2774.4	2025.24
460	1.1709	879.57	5.9826	793.41	2782.9	1989.49
470	1.4551	868.31	7.3727	838.09	2790.0	1951.91
480	1.7905	856.54	9.0139	883.28	2795.8	1912.52
490	2.1831	844.22	10.942	929.04	2800.0	1870.96
500	2.6392	831.31	13.199	975.43	2802.5	1827.07
510	3.1655	817.77	15.833	1022.5	2803.2	1780.7
520	3.7690	803.53	18.9	1070.5	2801.8	1731.3
530	4.4569	788.53	22.47	1119.3	2798.2	1678.9
540	5.2369	772.66	26.627	1169.3	2792.2	1622.9
550	6.1172	755.81	31.474	1220.5	2783.3	1562.8
560	7.1062	737.83	37.147	1273.1	2771.2	1498.1
570	8.2132	718.53	43.822	1327.5	2755.5	1428.0
580	9.4480	697.64	51.739	1383.9	2735.3	1351.4
590	10.821	674.78	61.242	1443.0	2709.9	1266.9
600	12.345	649.41	72.842	1505.4	2677.8	1172.4
610	14.033	620.65	87.369	1572.2	2637.0	1064.8
620	15.901	586.88	106.31	1645.7	2583.9	938.2
630	17.969	544.25	132.84	1730.7	2511.1	780.4
640	20.265	481.53	177.15	1841.8	2395.5	553.7
647.1	22.064	322	322	2084.3	2084.3	0

http://webbook.nist.gov/chemistry/fluid/

索　引

欧　文

CGS 単位系　6
HTU　93
MKS 単位系　6
q 線　79
SI　5
x-y 曲線　64

ア　行

圧力エネルギー　31
圧力損失　33
アントワン式　12,115

液液抽出　94
液液抽出装置　98
液液平衡　95
液液平衡関係　94
液相　63
液相線　64
エネルギー収支　24
エネルギー保存の法則　24
円管　28
円筒状固体層　47

オリフィス計　39
オリフィス孔　39
温度　4

カ　行

開孔比　39
回収部　75
　　——の操作線　78
回分式プロセス　13
化学吸収法　89
化学プロセス　2
核発生　110
華氏　6
過剰反応物質　22
ガス吸収　89
活量係数　68
活量係数式　69
過飽和　110
缶出液　75
完全燃焼　21
管継手　31,34
還流　75

還流液　75
還流比　75
　　最適な——　87
　　理論段数と——の相関式　86

気液平衡　63
気液平衡式　66
機械的エネルギー収支式　31
希釈剤　94
気相　63
気相線　64
基本単位　4
凝固熱　25
凝縮熱　25
共晶系　107
共晶点　107
共沸混合物　94
共沸点　64
共役線　97
許容蒸気速度　87

組立単位　4
クラジウス-クラペイロンの式　11

計算基準　15
結晶成長　110
ケルビン温度　6
限定反応物質　23
顕熱　25
原料供給段　75

固液平衡　106
高沸点成分　63
向流多段抽出　99,104
国際単位系　5
固溶体系　106

サ　行

最小液流量　92
最小還流比　84
最小理論段数　84
三角線図　94
　　直角二等辺三角形の——　94
三重点　10

時間　4
次元　8

試行錯誤法　34
質量　4,113
質量分率　8
質量保存の法則　14
質量流量　30
充てん塔　76
充てん物　93
重量分率　8
昇華圧曲線　11
蒸気圧曲線　11
晶析　62,106
晶析現象　110
状態方程式　12
蒸発エンタルピー　25
蒸発潜熱　25
蒸発熱　25
蒸留　62

水蒸気改質　2
水蒸気蒸留　71
ステップ数　82

成分収支式　15
摂氏　6
絶対単位系　6
遷移域　32
全還流　75
潜熱　25
全物質収支式　15

総括移動単位数　93
総括塔効率　87
総合効率　36
操作線　92
　　回収部の——　78
　　濃縮部の——　77
相図　10,106
相対揮発度　67
　　理想溶液の——　67
相当長さ　35
層流　32
速度分布　40
組成　8
粗面管　34

タ　行

体積流量　28,29

117

タイライン　95
対流伝熱　43,50
多回抽出　99,101
多重円筒状固体層　48
多重平板状固体層　46
脱硫　3
単位（系）　4,113
段間隔　87
段式連続蒸留塔　74
単純共晶系　109
単蒸留　71,72
単抽出　98,99
段塔　74

抽剤　94
抽残液　94
抽質　94
抽出液　94
超臨界流体　11

定圧気液平衡　64
定常状態　14,29
定常流　29
低沸点成分　63
手がかり成分　15
てこの原理　95
伝導伝熱　43
伝熱　43
伝熱速度　43

塔頂液　75
塔底液　75
動力　36,114

ナ 行

長さ　4,113

二重管式熱交換器　55

熱移動　43
熱移動操作　43
熱貫流　50
熱交換器　52
熱伝達　50
熱伝導
　　円筒状固体層における――　47
　　多重円筒状固体層における――　48
　　多重平板状固体層における――　45
　　平板状固体層における――　44
熱伝導度　43,114
熱放射線　59
熱力学第一法則　24,31

粘度　32,113

濃縮部　75
　　――の操作線　77

ハ 行

配管用鋼管　28
ハーゲン-ポアズイユの式　34
反応完結度　20

非圧縮性流体　31
ピトー管　39,40
飛沫同伴　87
比容積　31

ファニングの式　33
ファンデルワールス式　12
フェンスキの式　84
複合伝熱　60
物質収支　13
沸点　10,64
沸点曲線　64
沸点計算　66
物理吸収法　89
ブラジウスの式　34
フラッシュ蒸留　71,74
フーリエの法則　43
プレイトポイント　97
プロセスダイアグラム　3
プロセスフロー図　4
ブロックフロー図　3
噴出　74
分配曲線　97
分離プロセス　62

平滑管　34
平滑度　33
平均相対揮発度　67
平均流速　29
平衡温度　64
平板状固体層　44
弁　31,34
ヘンリーの法則　90

放散　90
放射伝熱　43,59
膨張仕事　31
飽和液体　63
飽和蒸気　63

マ 行

摩擦係数　33

摩擦損失　31
　　円管内の――　33
マッケーブ-シーレ法　81
マノメータ　39

ミキサーセトラー型抽出装置　98
密度　30,113

モル蒸発エンタルピー　25
モル蒸発熱　25
モル分率　8

ヤ 行

融解曲線　11
融解熱　25
誘導単位　4

溶解度　94,109
　　ガスの――　90
溶解度曲線　95
溶剤　94
溶質　94

ラ 行

ラウールの法則　65
ランキン温度　7
乱流　32

理想溶液　65
留出液　75
流体輸送　28
流動
　　――のエネルギー収支　30
　　――の全エネルギー収支式　31
　　――の物質収支　29
流量計　31
流量測定　39
理論酸素量　21,22
理論所要動力　36
理論段数　80
　　――と還流比の相関式　86
臨界定数　11,114
臨界点　11

レイノルズ数　32
連続式プロセス　13

露点　10
露点曲線　64
露点計算　66

編集者略歴

日　秋　俊　彦
(ひ あき とし ひこ)

1955 年　広島県に生まれる
1985 年　日本大学大学院理工学研究科工業化学専攻博士後期課程修了
現　在　日本大学生産工学部応用分子化学科教授
　　　　工学博士

標準 化学工学 I
収支・流体・伝熱・平衡分離　　　　　　　定価はカバーに表示

2018 年 2 月 20 日　初版第 1 刷
2025 年 1 月 25 日　　　第 7 刷

編集者　日　秋　俊　彦

発行者　朝　倉　誠　造

発行所　株式会社　朝　倉　書　店

東京都新宿区新小川町 6-29
郵便番号　162-8707
電　話　03(3260)0141
FAX　03(3260)0180
https://www.asakura.co.jp

〈検印省略〉

© 2018 〈無断複写・転載を禁ず〉　　　　　　　Printed in Korea

ISBN 978-4-254-25040-4　C3058

JCOPY ＜出版者著作権管理機構 委託出版物＞

本書の無断複写は著作権法上での例外を除き禁じられています．複写される場合は，
そのつど事前に，出版者著作権管理機構（電話 03-5244-5088, FAX 03-5244-5089,
e-mail: info@jcopy.or.jp）の許諾を得てください．

日大 日秋俊彦編　日大 佐藤敏幸・日大 松本真和・
日大 岡田昌樹・日大 児玉大輔・日大 保科貴亮著

標準 化 学 工 学 II
―反応・制御・速度差分離―

25041-1　C3058　　　　Ｂ５判 136頁 本体2700円

I巻に続き化学工学の基礎を例題で理解度を確認
しながら解説。II巻だけ独立に読むことも可能。
〔内容〕反応速度論／分離プロセス（速度差分離：
晶析・吸着・調湿・乾燥・膜）／化学反応操作（均
一・不均一・バイオ反応）／プロセス制御

横国大 上ノ山周・横国大 相原雅彦・阪大 岡野泰則・阪大
馬越　大・千葉大 佐藤智司著

新版 化 学 工 学 の 基 礎

25038-1　C3058　　　　Ａ５判 216頁 本体3000円

化学工学の基礎をやさしく解説した教科書の改訂
版。新しい技術にも言及。〔内容〕基礎（単位系，物
質・エネルギー収支，気体の状態方程式，プロセ
ス制御）／流体と流動／熱移動（伝熱）／物質分離
（平衡分離，速度差分離等）／反応工学

前京大 橋本伊織・京大 長谷部伸治・京大 加納　学著

プ ロ セ ス 制 御 工 学

25031-2　C3058　　　　Ａ５判 196頁 本体3700円

主として化学系の学生を対象として，新しい制御
理論も含め，例題も駆使しながら体系的に解説〔内
容〕概論／伝達関数と過渡応答／周波数応答／制
御系の特性／PID制御／多変数プロセスの制御／
モデル予測制御／システム同定の基礎

元大阪府大 疋田晴夫著

改訂新版 化 学 工 学 通 論 I

25006-0　C3058　　　　Ａ５判 256頁 本体3800円

化学工学の入門書として長年好評を博してきた旧
著を，今回，慣用単位を全面的にSI単位に改めた。
大学・短大・高専のテキストとして最適。〔内容〕
化学工学の基礎／流動／伝熱／蒸発／蒸留／吸収
／抽出／空気調湿および冷水操作／乾燥

化学工学会監修　名工大 多田　豊編

化 学 工 学 （改訂第3版）
―解説と演習―

25033-6　C3058　　　　Ａ５判 368頁 本体2500円

基礎から応用まで，単位操作に重点をおいて，丁
寧にわかりやすく解説した教科書，および若手技
術者，研究者のための参考書。とくに装置，応用
例は実際的に解説し，豊富な例題と各章末の演習
問題でより理解を深められるよう構成した。

千葉大 斎藤恭一著

数 学 で 学 ぶ 化 学 工 学 11 話

25035-0　C3058　　　　Ａ５判 176頁 本体2800円

化学工学特有の数理的思考法のコツをユニークな
イラストとともに初心者へ解説〔内容〕化学工学の
考え方と数学／微分と積分／ラプラス変換／フラ
ックス／収支式／スカラーとベクトル／1階常微
分方程式／2階常微分方程式／偏微分方程式／他

酒井清孝編著　望月精一・松本健志・谷下一夫・
石黒　博・氏平政伸・吉見靖男・小堀　深著
21世紀の化学シリーズ14

化 学 工 学

14664-6　C3343　　　　Ｂ５判 212頁 本体3600円

化学工学の基本現象である流動・熱移動・物質移
動・化学反応を，身近な実例を通して基礎
概念を理解できるようわかりやすく解説。〔内容〕
化学工学入門／流れ／熱の移動／物質の移動／化
学反応工学／物質移動を伴う化学反応工学

前名大 後藤繁雄編著　名大 板谷義紀・名大 田川智彦・
前名大 中村正秋著

化 学 反 応 操 作

25034-3　C3058　　　　Ａ５判 128頁 本体2200円

反応速度論，反応工学，反応装置工学について基
礎から応用まで系統的に平易・簡潔に解説した教
科書，参考書。〔内容〕工学の対象としての化学反
応と反応工学／化学反応の速度／均一系の反応速
度／不均一系の反応速度／反応操作／反応装置

化学工学会分離プロセス部会編

分 離 プ ロ セ ス 工 学 の 基 礎

25256-9　C3058　　　　Ａ５判 240頁 本体3500円

工学分野，産業界だけでなく，環境関係でも利用
される分離プロセスについて基礎から応用例まで
わかりやすく解説した教科書，参考書。〔内容〕分
離プロセス工学の基礎／ガス吸収／蒸留／抽出／
晶析／吸着・イオン交換／固液・固気分離／膜

阪大 山下弘巳・京大 杉村博之・熊本大 町田正人・
大阪府大 齊藤丈靖・近畿大 古南　博・長崎大 森口　勇・
長崎大 田邉秀二・大阪府大 成澤雅紀他著

熱 力 学　基礎と演習

25036-7　C3058　　　　Ａ５判 192頁 本体2900円

理工系学部の材料工学，化学工学，応用化学など
の学生1〜3年生を対象に基礎をわかりやすく解
説。例題と豊富な演習問題と丁寧な解答を掲載。
構成は気体の性質，統計力学，熱力学第1〜第3法
則，化学平衡，溶液の熱力学，相平衡など。

前京都大 小森　悟著

流れのすじがよくわかる 流 体 力 学

23143-4　C3053　　　　Ａ５判 240頁 本体3600円

機械工学，化学工学をはじめとする多くの分野の
基礎的学問である流体力学の基礎知識を体系立て
て学ぶ。まず流体の運動を決定するための基礎方
程式を導出し，次にその基礎方程式を基にして流
体の種々の運動について解説を進める。

前お茶の水大 宮本惠子著
やさしい化学30講シリーズ5

化 学 英 語 30 講
―リーディング・文法・リスニング―

14675-2　C3343　　　　Ａ５判 184頁 本体2400円

化学英語恐るるに足らず。演習を解きながら楽し
く化学英語を学ぶ。化学英語特有の文法も解説。
〔内容〕リーディング：語彙，レベル別英文読解，
リスニング：発音，リピーティングとシャドーイ
ングほか，文法：文型，冠詞，複合名詞ほか

上記価格（税別）は 2024年12月現在